复杂网络结构和行为的
建模与优化

◎ 李黎 编著

清华大学出版社
北京

内 容 简 介

复杂网络是21世纪科学研究的思想和理念,它启发我们用什么观点理解这个世界。复杂网络也是研究复杂系统的一种技术和方法,是理解复杂系统性质和功能的基本方法。网络结构与网络行为相互关系的探索是网络研究的重要组成部分,特别是其对网络演化和群体行为的影响,是复杂网络研究需要解决的重要问题。本书以复杂网络结构特性为核心,从实用性角度出发,以多年研究成果为基础,对复杂网络的基本模型及拓扑性质、复杂网络上的模型与动力学行为、社会网络基础理论和级联行为、节点影响及影响力问题建模和方法进行了系统介绍。在此基础上,本书从网络结构与行为互作用的角度出发,重点介绍了多年来在提升网络系统的可生存性,网络资源优化部署模型和方法,有影响力的节点度量和社会网络信息传播模型和引导控制等方面开展的研究工作。

本书适合作为研究生和高年级本科生的网络科学教材,也可供自然科学、工程技术科学和社会科学领域的研究人员与学生参考。

图书在版编目(CIP)数据

复杂网络结构和行为的建模与优化 / 李黎编著. -- 北京:清华大学出版社,2025.6(2025.11重印). -- ISBN 978-7-302-69659-9

Ⅰ. TP393.02

中国国家版本馆 CIP 数据核字第 20250BN129 号

责任编辑:樊 婧
封面设计:刘艳芝
责任校对:欧 洋
责任印制:刘 菲

出版发行:清华大学出版社
网　　址:https://www.tup.com.cn,https://www.wqxuetang.com
地　　址:北京清华大学学研大厦 A 座　　邮　编:100084
社 总 机:010-83470000　　邮　购:010-62786544
投稿与读者服务:010-62776969,c-service@tup.tsinghua.edu.cn
质量反馈:010-62772015,zhiliang@tup.tsinghua.edu.cn
印 装 者:三河市春园印刷有限公司
经　销:全国新华书店
开　本:153mm×235mm　　印　张:12.5　　插　页:2　　字　数:205千字
版　次:2025 年 7 月第 1 版　　印　次:2025 年 11 月第 2 次印刷
定　价:99.00 元

产品编号:104736-01

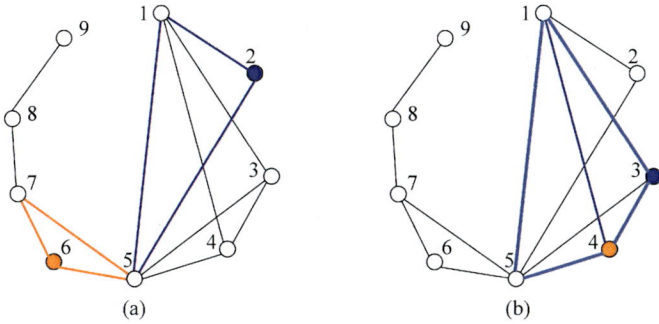

图 6-4　最优节点保护圈示例

（a）包含 3 个节点；（b）包含 4 个节点

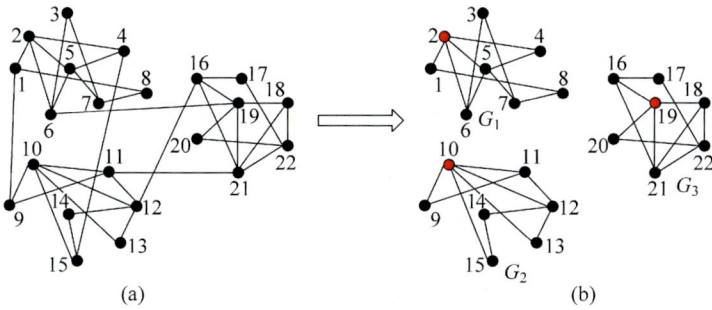

图 7-9　社团结构拓扑图最坏情景示例图

（a）全局网络拓扑图；（b）最坏情景及其控制器配置结果

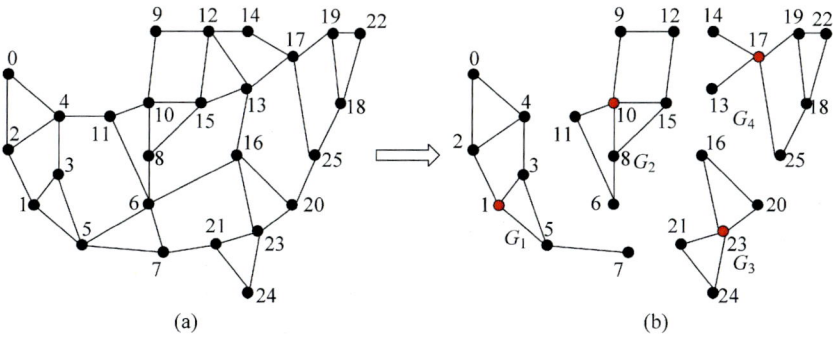

图 7-10　无社团结构的 USA 网络负载均衡示意图

（a）USA 网络全局拓扑图；（b）USA 网络最坏情景及控制器配置结果

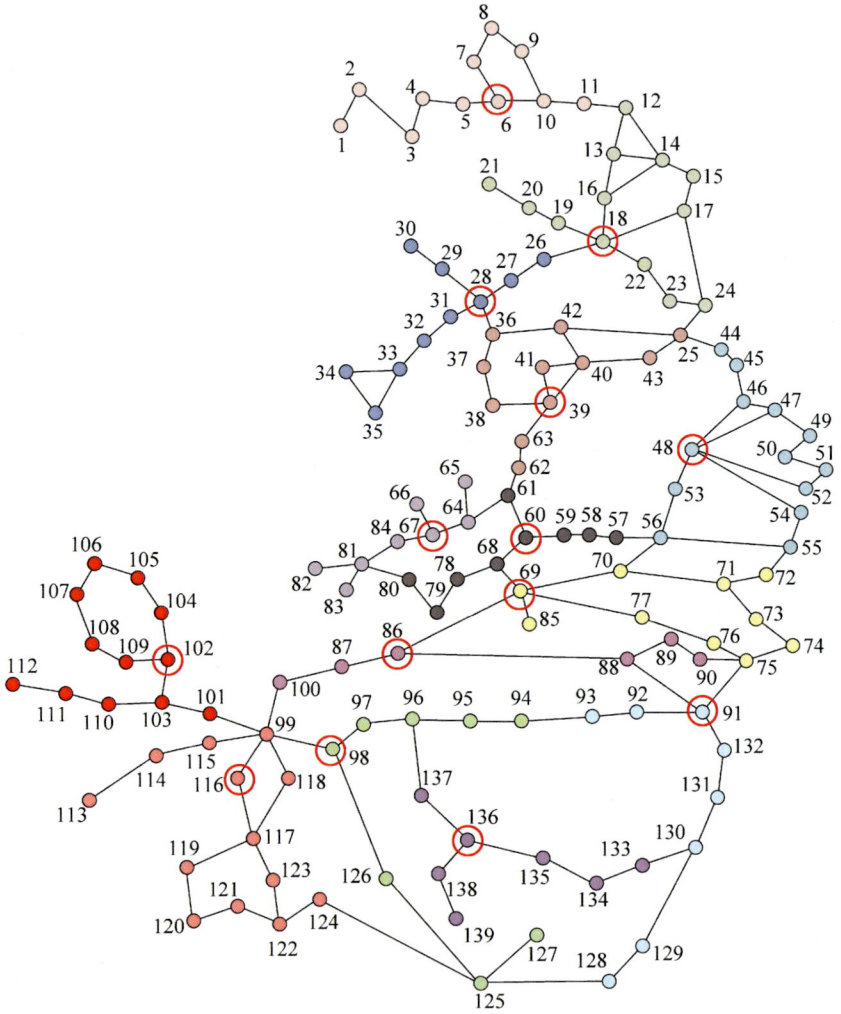

图 7-15 US Carrier 网络 k-RCP 算法控制器配置及负载结果

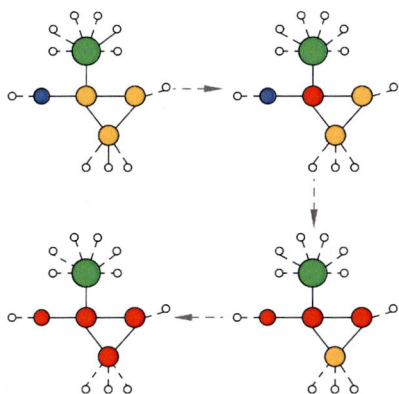

图 8-5　信息传播级联的一个示例

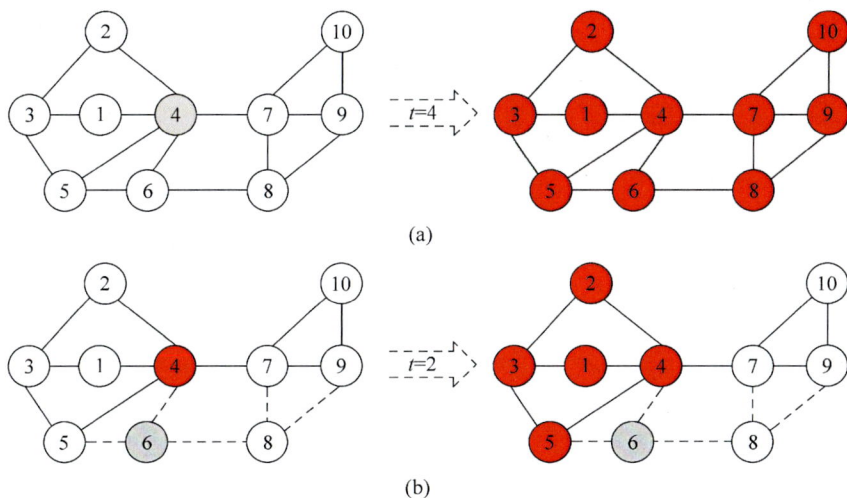

(a)

(b)

图 8-6　采用 SNP 方法阻挡信息级联过程的示意图

（a）无策略下的信息级联过程；（b）采用 SNP 方法后的信息级联过程

我们正处在一个高度互联的时代。从万维网的错综复杂到社交网络的动态变化，从生物体内分子的相互作用到全球交通网络的交织，复杂网络无处不在，深刻塑造着世界的运行方式。理解这些网络的内在结构特征及其动力学行为，不仅具有深刻的理论意义，更是在现实世界中解决诸多实际问题的关键所在。

近年来，复杂网络研究取得了显著进展。然而，面对日益庞大、异构且动态演化的现实系统，如何就其结构特性与行为模式进行有效建模，并在此基础上进行设计优化与鲁棒性提升，仍然是该领域面临的核心挑战。《复杂网络结构和行为的建模与优化》一书基于这样的整体背景，立足于在该领域多年的系统性研究，旨在为读者提供一个兼具理论深度与实用导向的研究视角。

本书的核心内容围绕两大支柱展开。一是复杂网络的结构特性与建模，系统性地探讨了复杂网络的基础模型及其核心结构特性，包括网络的一般拓扑特征、涌现特性、小世界特性、无标度特性、内在的社团结构（社区发现）及关键节点（集）的识别方法。这些内容是理解和分析任何复杂网络的基础。二是网络上的动力学行为与建模，深入分析了发生在网络上的重要动力学过程，如网络同步、级联失效（传播）、从众行为及更广泛的群体行为；重点阐述了如何构建能有效刻画这些行为的数学模型，特别是网络信息传播模型。本书紧扣复杂网络研究的核心科学问题（结构与行为相互作用）和热点应用方向（建模、优化与控制），注重阐述建模的思路、方法的适用性与局限性，培养读者分析和解决复杂网络问题的能力。

本书的出版得到了陕西师范大学优秀学术著作出版资助、国家自然科学基金项目（项目编号：61303092）、陕西省自然科学基础研究计划项目（项目编号：2020JM-290、2025JC-YBMS-693）的资助，在此表示衷心的感谢！

本书主要面向对复杂网络理论、建模、优化及其应用感兴趣的研究人员、高年级研究生、工程师和科技管理者。衷心希望本书能为读者开启一扇理解复杂网络世界的大门，激发更多的思考和创新，共同推动这一领域的发展。由于作者水平有限,书中难免存在疏漏与不足之处,敬请领域专家和广大读者不吝指正。

李黎

陕西师范大学 计算机科学学院

2025 年 6 月

目录

第**1**章

引　论

复杂网络(complex network)是 21 世纪科学研究的思想和理念，它启发我们用什么观点理解这个世界：整个世界及组成世界的任何部分都可以看作由网络及其变化形成的。复杂网络也是研究复杂系统的一种技术和方法，它关注系统中个体相互作用的拓扑结构，是理解复杂系统性质和功能的基本方法。复杂网络为研究复杂系统提供了一个全新的视角，对理解真实系统的组织结构和复杂行为起着重要的作用。

1.1　引言

现实世界中的很多真实系统都可以抽象成复杂网络，如全球广域网、社会关系网、电力网、航空网络和生物网络等。通常使用图来表示网络，使用图论理论对网络的结构性质进行研究。从 20 世纪末开始，复杂网络研究正渗透到数理学科、生命学科和工程学科等不同的领域，对复杂网络的定量与定性特征的科学理解已成为网络时代科学研究中极其重要的挑战性课题，甚至被称为"网络的新科学"[1-2]。

1.1.1　研究背景及意义

为了研究社会网络特征，1967 年，社会学家 Milgram 开展了投递信件的社会实验，发现了著名的六度分离现象(six degree of separation)，又称作小世界现象(small world)[3]。后续的研究发现，很多不同种类的社交网络中都存在小世界现象。1988 年，Watts 和 Strogtz 提出了小世界网络模型(small-world network models，WS)[4]，该模型既具有规则网络的高聚类性，又具有类似随机网络的小的平均路径长度(average path length)。1999 年，Barabasi 和 Albert 研究发现很多实际网络都具有幂律度分布，即具有无标度特性，提出了无标度网络模型(scale-free network models,BA)[5]。无标度网络模型解释了幂律的生长源于两个机制,一是增长机制,即网络节点是不断增加的;二是优先连接机制,即网络中新的节点更倾向于与度大的节点连接。在现实网络中,"小世界"和"无标度"这两个现象的发现帮助人们认识到真实网络既不是规则网络也不是完全随机网络,而是具有不同结构特征的复杂网络。

复杂网络早期的研究内容主要围绕分析网络的形成机制及如何建立合理的网络演化模型。一般来说,先通过获取实际网络数据来分析网络的形成机制,在此基础上,再根据对实际网络的理解来建立能够再现实际网络拓扑结构特征的网络演化模型。在网络生成模型研究的基础上,复杂网络的研究内容越来越丰富。考虑到实际网络中存在的大量传播现象,复杂网络上的动力学研究在近几年得到了很多关注。这方面研究主要考虑网络结构和其上的动力学过程之间的相互影响,以及如何优化网络结构、引导控制网络上的动力学过程。

复杂网络的研究为复杂系统的研究提供了新视角、新方法和更广阔的视野。网络不但是许多复杂系统的结构形态,还可以作为系统结构和行为特性研究的模型。一切事物都是相互作用的表现,系统可以认为是相互作用的稳态。物理学研究物体间的最基本的相互作用,生物学研究生物体之间的相互作用,社会科学研究人和各种人类组织间的相互作用。系统结构可以描述成网络结构,大多数复杂系统是动态演化的,是开放自组织的,是规则和随机同时存在的。复杂网络的研究成果体现了大多数复杂系统的这些基本特性,使现实中很多复杂系统的研究取得了实质性的突破。

1.1.2 主要研究内容

复杂网络研究为复杂系统研究提供了新视角和新方法,是对存在的网络现象及其复杂性进行解释的学科。当前复杂网络的发展在很大程度上归功于越来越强大的计算设备和迅猛发展的互联网,它们使人们能够收集和处理规模巨大且种类不同的实际网络数据。此外,学科之间的相互交叉使研究人员可以广泛比较各种不同类型的网络数据,从而揭示复杂网络的共有性质。

目前,复杂网络的研究工作主要集中在以下几方面:①复杂网络结构及其性质研究,包括关注揭示刻画网络系统结构的拓扑性质及度量这些性质的合适方法;②复杂网络演化机制和模型研究,建立合适的网络模型可以帮助人们理解网络结构的产生机理及网络拓扑性质的意义,并用于网络行为的预测和引导;③复杂网络动力学研究,了解网络结构与网络功能之间的相互关系与影响,包括网络上的疾病传播、网络信息传播、随机游走和同步行为等各种动力学过程;④复杂网络上资源优化和引导控制的应用研究。总体来说,复杂网络研究不仅关注网络拓扑结构,更关注网络结构演化及其与网络上的动力学行为之间的关系,网络的结构与功能及其相互关系是网络研究的主要内容。

1.2 复杂网络结构

值得注意的是,尽管复杂网络和传统图论关于基本概念的定义是一致的,但两者在研究角度和研究方法上有重要区别。传统图论关注具有某种规则结构或者节点数很少的图,往往在理论分析时即可采用图示方法直观地看出图的某些性质。复杂网络刻画的实际网络往往包含数万甚至数百万以上的节点,且具有复杂的不规则拓扑结构。对于如此大规模网络,必须借助于强大的计算能力和统计方法。

1.2.1 网络结构一般特性

1. 平均路径长度

从网络结构角度看,首先关心的是网络中的节点是否连在一起,也就是网络的连通性问题。网络的许多拓扑性质(如平均路径长度)的计算依赖于网络的连通性。将网络中两个节点 i 和 j 之间的距离 d_{ij} 定义为连接这两个节点的最短路径上的边数,网络的平均路径长度(average path length)L 定义为任意两个节点之间距离的平均值,即

$$L = \frac{1}{N^2} \sum_{j=1}^{N} \sum_{i=1}^{N} d_{ij} \tag{1-1}$$

式中,N 为网络节点数。网络的平均路径长度也称为平均距离(average distance),它反映了网络全局特性,也常用于反映网络传输的性能。在朋友关系网络中,平均路径长度 L 是连接网络内两个人之间最短关系链中的朋友的平均数。尽管许多实际的复杂网络的节点数巨大,网络的平均路径长度却小得惊人,这就是小世界现象。

注意到两点之间的最短路径可能不存在,可能只有一条,也可能有多条,但是两点之间的距离是唯一的,要么为有限值(存在最短路

径),要么为无穷大(不存在最短路径)。严格来说,只有连通图的平均路径长度才是有限值。经验和实证研究表明,许多实际的大规模复杂网络都是不连通的,但是往往会存在一个特别大的连通片,它包含了整个网络中相当比例的节点,成为该复杂网络的最大连通子图(largest connected component)。关于网络的拓扑性质的研究往往是针对最大连通子图进行的。

2. 聚集系数

在网络中,节点的聚集系数(clustering coefficient)是指与该节点相邻的所有节点之间的连边数目占这些相邻节点之间最大可能连边数目的比例。网络的聚集系数是指网络中所有节点聚集系数的平均值,它表明网络中节点的聚集情况,即网络的聚集性,也就是同一个节点的两个相邻节点仍然是相邻节点的概率有多大。它反映了网络的局部特性。在朋友关系网络中,聚集系数可以定量刻画个体任意两个朋友之间也互为朋友的概率。

假设网络中节点 i 的度为 k_i,即有 k_i 个直接有边相连的邻居节点(简称邻居或邻节点)。如果节点 i 的 k_i 个邻居节点之间也都两两互为邻居,那么这些邻居节点之间就存在 $k_i(k_i-1)/2$ 条边,这是边数最多的情形。但是一般来说,节点 i 的 k_i 个邻居节点之间未必都两两互为邻居,将实际存在的边数记为 M_i。网络中度为 k_i 的节点 i 的聚集系数 C_i 定义为 $C_i=2M_i/[k_i(k_i-1)]$。

一个网络的聚集系数 C 是整个网络中所有节点的聚集系数的平均值,即

$$C=\frac{1}{N}\sum_{i=1}^{N}C_i \tag{1-2}$$

显然,$0\leqslant C\leqslant 1$。当 $C=0$ 时,所有节点都是孤立节点,没有边连接。当 $C=1$ 时,网络为所有节点两两之间都有边连接的完全图。对于完全随机网络来说,当节点数很大时,$C\to O(1/N)$。许多大规模的实际网络的集聚系数通常远小于 1 而大于 $O(1/N)$。对于社会网络来说,通常随着 $N\to\infty$,集聚系数 $C\to O(1)$,即趋向一个非零常数。

还可以从另一个角度来阐述节点 i 的集聚系数的定义。节点 i 的 k_i 个邻居节点之间的实际存在边数 M_i 也可看作以节点 i 为顶点之一的三角形的数目。因此,节点 i 的集聚系数的几何定义为 $C_i=N_{i\triangle}/N_{i\wedge}$。其中,$N_{i\triangle}$ 代表与节点 i 相连的"三角形"数目,数值上等于 M_i;$N_{i\wedge}$ 代表与节点 i 相连的"三元组"数目,即节点 i 与其他两个节点都有

连接,即"至少与其他两个分别认识",在数值上等于$k_i(k_i-1)/2$。

3. 度及度分布

在刻画节点性质时,我们自然关心该节点与多少个其他节点相连接,这就是前文提到过的度的概念。在网络中,节点i的邻边数k_i称为该节点i的度。在确定了网络中各个节点的度值之后,就可以进一步得到有关整个网络的一些性质。首先,可以很容易计算出网络中所有节点度的平均值,即网络节点的平均度$\langle k \rangle$。

$$\langle k \rangle = \frac{1}{N} \sum_{i=1}^{N} k_i \tag{1-3}$$

无向无权图邻接矩阵$\boldsymbol{A}$的二次幂$\boldsymbol{A}^2$的对角元素$a_{ii}^{(2)}$就是节点i的邻边数,即$k_i = a_{ii}^{(2)}$。实际上,无向无权图邻接矩阵$\boldsymbol{A}$的第i行或第i列元素之和也是度。无向无权网络的平均度就是$\boldsymbol{A}^2$对角线元素之和除以节点数,即$\langle k \rangle = \mathrm{tr}(\boldsymbol{A}^2)/N$。式中,$\mathrm{tr}(\boldsymbol{A}^2)$表示矩阵$\boldsymbol{A}^2$的迹,即对角线元素之和。

大多数实际网络中的节点的度是满足一定的概率分布的。定义$P(k)$为网络中度为k的节点在整个网络中所占的比例,则p_i可以视为网络中随机选择的节点i的度为k的概率,这就是度分布(degree distribution)的概念。无论是实际网络,还是理论网络,度分布都极为重要。具有代表性的网络模型如下:

(1) 规则网络:每个节点具有相同的度,度分布集中在一个单一尖峰上,是一种 Delta 分布。

(2) 完全随机网络:度分布具有泊松分布(Poisson distribution)的形式,每一条边出现的概率是相等的,大多数节点的度是基本相同的,并接近网络平均度$\langle k \rangle$。若远离峰值$\langle k \rangle$,则度分布按指数形式急剧下降。这类网络称为均匀网络。

(3) 无标度网络:具有幂指数形式的度分布,$P(k) \sim k^{-\gamma}$,其中$\gamma > 0$为幂指数,通常取值为 2~3。无标度是指一个概率分布函数$F(x)$,对于任意给定常数a,存在常数b,使$F(x)$满足$F(ax) = bF(x)$。幂律分布是唯一满足无标度条件的概率分布函数。许多实际大规模无标度网络的幂指数通常为$2 \leqslant \gamma \leqslant 3$。绝大多数节点的度相对很低,也存在少量度值相对很高的节点(hub)。这类网络称为非均匀网络。

(4) 指数度分布网络:$P(k) \sim \mathrm{e}^{-k/\gamma}$,式中$k > 0$,为常数。

可以用累积度分布函数来描述度的分布情况,它与度分布的关系为：

$$P_k = \sum_{x=k}^{\infty} P(x) \qquad (1\text{-}4)$$

它表示度不小于 k 的节点的概率分布。

几种典型的度分布示例如图 1-1 所示。

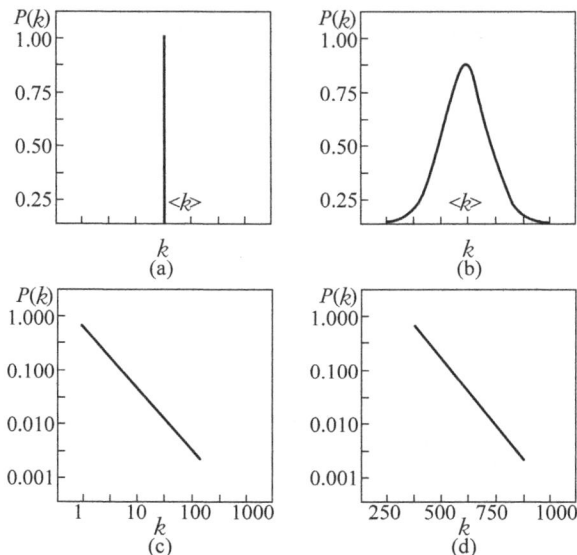

图 1-1　几种典型的度分布示例

（a）Delta 分布；（b）泊松分布；（c）幂律分布（对数坐标）；（d）指数分布（半对数坐标）

1.2.2　小世界网络结构特性

小世界网络结构特性（small world theory）又被称为六度空间理论或六度分割理论（six degrees of separation）。小世界网络结构特性指出，社交网络中的任何一个成员和任何一个陌生人之间所间隔的人不会超过 6 个。在考虑网络特征时，通常使用两个特征来衡量网络。

（1）网络的平均路径长度：在网络中，任选两个节点，连通这两个节点的最少边数为这两个节点的路径长度，网络中所有节点对的路径长度的平均值为网络的平均路径长度。这是网络的全局特征。

（2）聚集系数：假设某个节点有条边，则这条边连接的节点（个）之间最多可能存在的边的条数为用实际存在的边数除以最多可能存在的边数得到的分数值，将这个值定义为这个节点的聚集系数。所有节点的聚集系数的均值定义为网络的聚集系数。聚集系数是网络的局部特征，反映了相邻两个人之间朋友圈子的重合度，即该节点的朋友之间也是朋友的程度。

在规则网络,节点(个体)之间的平均路径长度较长(即需要经过较多的中间节点才能联系在一起),但聚集系数高(即节点的邻居节点之间高度关联)。而在随机网络中,节点之间的平均路径长度很短,但聚集系数很低。小世界网络兼具平均路径长度短和聚集系数高的特点。其平均路径长度很小,接近随机网络,但聚集系数仍然很高,接近规则网络。

复杂网络的小世界特性与网络信息传播效率密切相关。现实世界中的许多网络,如社会网络、生态等网络都表现出小世界特性在这种结构的网络中,信息能够快速传递,仅需要调整网络中的少量连接(如在5G网络中优化几条关键链路),就能显著改变网络的整体性能。

1.2.3　无标度网络结构特性

现实世界的网络大部分都不是随机网络,少数的节点往往拥有大量的连接,大部分节点的连接却很少,节点的度数分布符合幂律分布,这被称为网络的无标度特性(scale-free)。将度分布符合幂律分布的复杂网络称为无标度网络。

无标度特性反映了复杂网络具有严重的异质性,其各节点之间的连接状况(度数)具有严重的不均匀分布性:网络中少数被称为 hub 点的节点拥有极其多的连接,而大多数节点只有很少量的连接。少数 hub 点对无标度网络的运行起着主导的作用。从广义上说,无标度网络的无标度性是描述大量复杂系统整体上严重不均匀分布的一种内在性质。

复杂网络的无标度特性与网络的鲁棒性分析有密切的关系。无标度网络中幂律分布特性的存在极大地提高了高度数节点存在的可能性,因此,无标度网络同时显现出针对随机故障的鲁棒性和针对蓄意攻击的脆弱性。这种鲁棒且脆弱的性质对网络容错和抗攻击能力有很大影响。研究表明,无标度网络具有很强的容错性,但是对于基于节点度值的选择性攻击而言,其抗攻击能力相当差,高度数节点的存在极大地削弱了网络的鲁棒性,一个恶意攻击者只需选择攻击网络很少的一部分高度数节点,就能使网络迅速瘫痪。

1.2.4　社团结构特性

实际网络往往具有社团结构。社团结构是复杂网络中一个非常重要的特性,其在学术上并没有一个精确的定义,可描述为:每个社团内部节点之间的连接相对较为紧密,各个社团之间的连接相对较为稀疏。"社团"也可称作"社区""簇"等,由具有相同角色或相似属性的成员组成,往往反映网络中存在的某种功能或模式。

2002 年,Girvan 和 Newman 运用图分割(graph partition/graph cut)的思想首次对网络中存在的社团结构进行挖掘,提出了经典的 GN 算法[6]。社团结构划分方法研究已经涉及图论、动力学和数据挖掘等众多领域,产生了如基于质量函数的优化算法、基于节点相似性的聚类算法、基于图分割的降维算法等诸多算法。

模块度(modularity)是一种常用的衡量社团划分质量的标准[7],其基本思想是把划分社团后的网络与相应的零模型(null model)进行比较,以度量社团划分的质量。与网络对应的零模型是指与该网络具有某些相同性质而在其他方面完全随机的随机图模型。在社团结构研究中,零模型的选择很重要。模块度优化的社团划分算法是一个 NP 难题[8],许多研究都采用贪心策略近似求解[9],也有学者采用模块度的简易变种作为目标函数[10]。

基于节点相似性(similarity)的聚类算法[11]认为,相似的节点应该属于同一簇群,因而可以通过聚类相似节点而得到社区。网络节点相似性度量一般基于节点间的结构关系[12],如共同近邻数量[13]等。得到节点之间的相似度后,便可应用聚类算法,对节点进行聚类进而得到网络的社团结构,如 K 均值聚类(K-means)算法等。基于图分割的降维算法通过删除社团间的连边而使社团结构从网络中隔离出来。GN 算法就是一种典型代表。后续一些工作对 GN 算法进行了优化和扩展,但由于该算法的实践复杂度非常高,不适用于大规模网络。

随着社交网络的内容逐渐丰富和规模日益变大,社团结构变得愈发复杂。同一网络可以含有不同类型的个体成员,节点间的连接同时存在无向边和有向边,加之社区结构又包含重叠社区和层次社区,当前已有社团划分方法正面临着越来越多难以解决的新挑战。

1.3 网络行为及其动力学

大量自然和人工系统的结构都可以抽象为由点和线组成的网络,一方面,这些网络具有相似的拓扑结构,如无标度特征、小世界特征、社团结构等;另一方面,这些网络也具有一些相似的动力学行为。网络结构很复杂,它们的参与者之间行为的耦合情况也同样很复杂。在网络环境中,评估一个人行为的结果不应该是孤立的,而应该预计且综合考虑到网络环境对个人行为反作用的影响。

1.3.1 网络同步

在自然界的网络中,个体与个体之间有交互信息,个体会根据邻居的状态调整自己的状态。在这个过程中,整个网络有可能达到一致状态,或一定范围内的个体会达到一致状态,这个动态的过程可以用同步加以解释。同步是复杂网络的集体行为,是耦合振子之间的同步运动。网络的拓扑结构在决定网络动态特性方面起着很重要的作用。复杂网络的小世界和无标度特性的发现,使得人们开始关注网络的拓扑结构与网络的同步化行为之间的关系。网络同步也成为了网络科学中一个受到较多关注的研究领域。

同步过程的研究起源于钟摆同步现象。1665 年,荷兰物理学家惠更斯躺在病床上发现,挂在同一个横梁上的两个钟的钟摆在一段时间以后会出现同步摆动的现象。另一个现实世界中存在同步现象的典型例子是,1680 年,荷兰旅行家肯普弗在现在的泰国旅行时发现,停在同一棵树上的萤火虫会很有规律地同时闪光和熄灭。日常生活中,当一场精彩报告、演出结束时,掌声在最初的时候是凌乱的,节奏是不同的,但在一定时间之后鼓掌的节奏就会倾向于一致。这些例子都是现实世界中存在同步现象的典型事例。

同步现象也可能是有害的。例如,2000 年 6 月 10 日,伦敦千年桥落成,当成千上万的人同时通过大桥时,共振使大桥开始摇摆晃动。桥体的 S 形振动引起的偏差甚至达到了 20cm,人们万分恐慌,大桥不得不临时关闭。2012 年 10 月 28 日,以"公益前行"为主题的北大第九届国际文化节开幕。在开幕表演结束后,一群现场的学生到舞台上唱跳《江南 Style》,由于人数众多,大家当跳到《江南 Style》中的马步舞时,舞台坍塌了。互联网上也有一些对网络性能不利的同步现象。比如,互联网上的每一个路由器都要周期性地发布路由消息。虽然各个路由器都是根据设计决定何时发布路由消息的,但是研究人员发现,不同的路由器有可能会以某种同步方式发送路由消息,从而引发拥堵。

网络同步是复杂动力网络的一种基本的动力行为,如何定量刻画网络的同步能力,网络拓扑结构如何影响同步行为,什么样的网络拓扑结构最有利于同步,动力学行为如何影响网络拓扑结构,这些问题无论在理论上还是在实际上都具有十分重要的意义。

1.3.2 网络级联

在网络环境中,个体的行为和决定不是孤立的。当人们通过网络互联在一起时,他们就会影响彼此的行为和决定,这被称为网络上的级联行为。事实上,在网络中存在许多从节点到节点级联的行为,就像传染病一样。这种现象在不同领域中都有所体现。比如,生物学中的传染性疾病,信息技术领域中的级联故障、信息的传播,社会学中的谣言扩散、新闻报道、新技术传播等。

在很多情况下,人们实际上是理性地放弃自己的选择,而去跟随别人的选择的。这种忽略自己的信息而选择加入人群的情况被称为群集(herding)或信息级联(information cascade)效应[14]。产生信息级联的先决条件是,人们可以在不同时刻依次做出决定,后面的人可以观察到前面人的决策行为,并通过这些行为推断出他们了解的一些信息。在这种信息级联效应中,个体模仿他人的行为并不是盲目的,相反,它是根据有限的信息进行合理推论的结果。当然,模仿也有可能是社会压力导致的顺从,与所谓的信息没有什么关系,有时并不容易分辨这两种情况。

20世纪60年代开展的"凝视天空"实验表明[15],从众的社会力量会随着一致性群体活动规模的壮大而增强。Anderson和Holt设计的群集实验[16]体现出一些关于信息级联的一般原则。第一,级联非常容易发生,而且发生在所有人都是在很理性地做决定时;第二,信息级联可能会导致非优化结果;第三,尽管级联可能形成最终的一致,但它本质上也是脆弱的。问题的关键是,该群集实验告诉我们,在信息级联的过程中,新信息的注入甚至可以完全颠覆原有的信息。信息级联的脆弱性本质上表现为,即使某种级联已经持续了很长一段时间,但却可以被一个很小的力量推翻[14]。

同质性往往可能成为扩散的障碍:人们倾向于与他们相近的人互动,而新的事物、新的行为传播往往来自于"外面"的世界,使得新事物、新行为的传播难以从外部进入密集连接的区域[14]。这种"密集连接区域"有一个关键属性,如果一个节点属于一个区域,许多它的邻居也倾向属于该区域。本质上,当一个级联遇到一个密度高的聚簇时就会停下来,这是唯一能使级联停止的原因[17]。换言之,聚簇是级联的自然障碍。这个结论最有价值的地方在于,利用网络结构的自然特征,可以阻挡信息级联的过程。此外,对网络中密集区域阻挡级联传播的这种直观认识提供了理论的基础。研究级联行为还给了我们一个启示:认识一种新思想和实际采用它有着根本区别。门槛值扩散模型揭示了弱连接优势[18],那些我们不常见到的人往往会形成一个社会网络的捷径。他们会提供一些信息来源,如新的工作机会,这些信息我们通常没有机会通过其他途径得知。但如果考虑一个新行为的传播,情况就非常不同了,采纳一项新行为不仅要认识它,还要考虑新行为的门槛值。

1.3.3　群体效应和结构效应

1. 群体效应

如果长时间观察一个大规模的群体,会发现新的想法、观念、产品、技术、创新等不断地涌现和演变。坚持某观点、购买某类产品、按照某种原则行事等行为称为社会实践,新的实践在人群中扩散的方式很大程度上取决于人们的相互影响。当一个人看见越来越多的人在做某件事情时,通常他也很可能会去做那件事。理解这个过程及它的结果是理解网络和聚合行为的关键。

在群体对个体的行为带来积极效应的同时,也会带来消极的效应。一个工作群体既可以产生"1+1=3"的工作成果,也可以产生"1+1=1"的工作成果。群体的工作成果如何,与群体成员的工作行为有直接的关系。个体在群体中的工作成果有时不如单独一个人工作时那么好,也就是"1+1=1"的现象。此时,群体对成员的行为也会产生制约、影响和改变的作用。个体在群体中为了保证自己的利益不受损害,会将注意力转移到群体规范和标准上,以免触犯群体规范的条文而受到惩罚。群体成员之间的相互效应、相互感染也会驱使个体在群体中寻求归属和爱的满足。

在群体中,人们模仿他人,表面上看是因为人类的从众心理,即人们倾向于像其他人那样行事,但还需要去探索人们为什么容易被他人影响。一类原因是基于"他人行为传达信息"的事实。一个人在做决定时可能缺乏一些信息,于是当他看到许多人在做同样的评估时,会很自然假设他们都有各自的信息,试图从他们的行为来推测他们是怎么评估不同选择的。例如,你正在找地方吃饭,当看到一个餐馆门口有很多人在排队等候,你就会得出这个餐馆还不错的结论从而去排队。类似这样的推理说明,很多人的行为可能事实上只是基于很少的本质信息,即使理性的个体也会选择放弃他们自己的私有信息去随大流。还有更重要的理由说明人们为什么要去模仿他人的行为。在直接利益的驱使下,一个人可能会选择使自己的行为与人们一致起来,而不管他们做出的决定是否最好。

2. 结构效应

在群体效应中,已简单分析了人们如何互相影响的问题,考虑到网络结构,本节将进一步来认识这些影响是如何发生的。获取信息和利益作为人们互相影响的基本机制,既在整个群体的层面出现,也在网络中个体与个体、个体与他的朋友或同事的局部出现。在很多场景中,相比于整个人群,个体会更在意自己的行为是否与社会网络中直接相邻的人们一致。

在很多情况下,当个人理性地放弃自己的选择,而采纳网络中邻居的行为时,可能会出现级联效应,即新的行为始于初始的实践者,然后通过网络迅速扩散。在这种级联效应中,个体模仿他人的行为并不是盲目的;相反,它是根据有限的信息进行合理推论的结果。因为人们倾向于与他们相近的人互动,而新的事物、新的行为传播往往来自于"外面"的世界,使新事物、新行为的传播难以从外部进入密集连接区域,而密集连接区域中大量相互之间的联系会形成对外来影响的阻力。

复杂网络理论蓬勃发展二十年来,诸多研究成果表明网络结构会对网络上各种动力学行为产生重要影响[4-5,19]。比如,无标度网络比小世界网络同步能力弱[20]。在病毒传播动力学的研究中,无标度网络传播阈值趋向于零[21],网络的高聚类特性对病毒传播具有抑制作用[22]。网络社团结构可以帮助人们更好地理解网络系统功能和组织,并预测未来趋势[23]。复杂网络中的关键节点和边的识别对于网络系统结构和功能演化具有重要影响[24]。在病毒传播控制研究中,重连边策略、删边策略和添边策略都是通过网络结构调整进而控制病毒传播典型方案[25-27]。

1.4 复杂网络建模与优化的应用研究

1.4.1 有影响力的节点评估和影响力分析

节点影响力的评估和预测具有重要的理论意义和应用价值,是复杂网络的热点研究领域。随着在线社会网络的快速发展,研究人员在大量现实社会网络上对节点(集)影响力进行分析和建模,并取得了丰硕的研究成果,带来了广泛的应用价值[28-29]。影响力最大化问题是指在网络中寻找影响力最大的节点子集(种子节点),这个子集中的节点可以使信息在某种模型下获得最大范围的传播。

近年来常见的节点影响力的评估方法主要有基于拓扑结构、用户行为和内容分析三大类[29-30]。其中,基于拓扑结构的评估方法包括基于度中心性及节点近邻属性、介数中心性和接近中心性、基于随机游走的度量、基于社团结构的度量等。拓扑结构能够从宏观层面上刻画节点的影响力,其指标相对成熟,结构属性信息也容易获取,因此,用拓扑结构来度量节点影响力是比较常见的方法。然而,网络拓扑结构中的连边无法描述节点间复杂的交互关系,如好朋友之间的连边和陌生人之间的连边在网络拓扑结构中没有区别,这是不合适的。用户行为与交互信息能很好地反映用户影响力的形成与变化细节,所以可以综合利用两方面的优势进行节点影响力的度量。此外,由直观分析可知,不同领域的用户在各自领域的影响力是不同的,可以利用内容信息来分析影响力。相比于基于拓扑结构的影响力度量,基于内容与行为特征的节点影响力度量能更好地刻画用户与用户之间影响力的形成和发展。

社会网络影响力最大化在广告推广、推荐系统、舆情预警和疫情监控等领域都有非常广泛的应用。本书关注社会网络中影响力最大化问题,给出影响力最大化问题的定义、度量指标,对影响力最大化问题建立一般模型,介绍影响力最大化问题常用求解算法,并介绍几个典型的基于节点影响力的建模与方法的工作。

1.4.2 提升网络鲁棒性和可生存性

信息网络基础设施在面临攻击、失效和偶然事件下的可生存性成为人们关注的焦点[31]。网络可生存性是在传统安全性、可靠性基础上更高一层的考虑。对网络可生存性进行量化分析和评估,研究网络资源优化、配置的策略和算法,对于改进网络系统设计、实现网络资源重构、尽可能提高网络适应环境变化的可生存能力具有重要的理论指导和现实意义。

基于网络系统的复杂性、开放性和多样性,面向网络可生存性的资源优化和重构问题研究必然要涉及对系统的简化和对研究问题的建模。建立增强网络可生存性的优化模型先要明确网络系统可生存的目标,即网络生存追求高效率和高鲁棒性的多目标特性,并在此基础上分析网络资源成本和不确定的网络环境对网络可生存的影响,从而建立一个广泛适用的网络可生存性优化的系统模型。

网络拓扑重构是改善网络基础设施的可靠性、扩展性和可生存性的一种非常有效的方法[32-34]。特别是对于已存在的网络结构和有限的添加边资源来说,如何合理配置资源以最大化网络可生存性(兼顾网络效率和网络鲁棒性)是本书感兴趣的研究课题。为提供失效节点和连接边的保护,本书提出了节点保护圈方法,并基于优化配置节点保护圈提出了一种优先添加边的拓扑重构策略[34]。与其他典型的添加边策略相比,该策略通过资源共享合理地利用有限的添加边资源,有效地提升了在网络遭遇攻击情况下的鲁棒性,同时改善了网络传输的效率。

1.4.3　网络资源优化部署模型和方法

随着互联网的广泛普及与发展,传统的网络架构体系暴露出越来越多的问题,如网络扩展性不足、网络管理复杂性增加、网络安全威胁日益加剧等。软件定义网络(software defined network,SDN)采用控制平面和数据平面相分离的网络架构,实现了网络数据转发的灵活控制[35]。与传统网络不同的是,控制平面作为 SDN 的核心,控制器的优化部署牵涉到网络时延、负载和网络安全性等各方面;与传统网络类似的是,SDN 在突发事件下同样面临着网络节点或链路失效的网络鲁棒性问题。因此,研究应对事件提升 SDN 鲁棒性的控制器优化部署问题具有重要意义。

SDN 仍面临着诸多亟待解决的问题。由于控制器担负了整个网络的控制工作,控制器的处理能力及控制器与交换机之间通信的时延对整个网络的性能有着重要的影响,因此控制器部署(control placement,CP)问题仍然是一个当前研究的热点问题。研究控制器部署问题的目的在于,在一个给定的 SDN 中寻找最佳的控制器放置位置,以满足最优目标的求解。如何合理地部署控制器,针对不同的场景需要提出不同的部署策略。在实际多控制器部署中,为了降低部署成本,应尽量减少控制器个数。考虑到在保证低成本的同时还要尽可能提高网络性能,交换机到控制器的平均时延应尽可能小,各控制器间负载应尽可能均衡。现有控制器部署策略大多考虑了控制器个数少、时延小、负载均衡的目标,鲜有考虑应对突发事件的控制器部署的鲁棒性问题。因此,研究应对事件提升 SDN 鲁棒性的控制器优化部署问题具有重要意义。

仅单独考虑时延最小这一个目标时,SDN 受时延限制的多控制器部署问题可规约为最小覆盖集问题,这是一个 NP 完全问题。当同时考虑多个目标时,情况更加复杂。本书关注 SDN 在 k-链路失效情景下兼顾网络时延和负载均衡的最优控制器部署问题,简称 k-链路失效的鲁棒的控制器部署方法。该方法能有效实现兼顾网络时延和负载均衡的 SDN 控制器的最优部署,并显著降低控制器优化部署问题的计算复杂性[36]。

1.4.4 社会网络中信息传播的引导控制

应对突发事件的网络信息传播控制事关国家安全与社会发展。随着社交媒体的普及,网络上不良信息和极端言论的传播变得更加容易,给社会稳定和经济发展带来了巨大影响,对它们进行管控已成为世界范围内亟待解决的问题[37-38]。特别是自 2020 年以来,各种网络不良信息和极端言论日益增多,给疫情防控工作带来很多困难。因此,研究突发事件下应对网络不良信息和极端言论传播的有效控制具有重要的现实意义与社会价值。

在有限资源约束下,本书以网络结构优化和用户级联行为的互作用关系为切入点,研究应对突发事件的网络信息传播模型和控制方法。网络结构和用户行为都对信息的流动有着重要的影响,传统的仅关注网络结构或仅关注用户行为的信息传播模型已无法有效地模拟和仿真实际网络环境中信息传播机制,迫切需要借助复杂网络理论和系统动力学来探索新的信息传播模型。考虑到拓扑结构演化与信息传播行为的相互影响,需进一步分析聚簇与级联行为的关系,建立拓扑演化和行为级联互作用的网络信息传播演化模型。

针对应急情况下不良信息的传播,本书基于"阻挡"思路提出了删边聚簇的不良信息传播阻挡方法。该方法通过删除网络中有限数目的关键边资源的方式,切断了信息传播的关键路径,快速提高了网络中的聚簇密度,可有效延缓和阻挡不良信息传播的速度和范围[39]。考虑到网络中少量关键节点对网络信息的传播扩散具有重要影响,从多节点的综合影响力出发,本书研究了基于多节点影响力最大化的调控问题。根据网络拓扑结构选择若干高影响力的节点是一个 NP 问题,同时考虑多节点的综合影响力是更复杂的问题。基于用户信息和行为特征的影响力度量方法能够更好地刻画用户与用户之间影响力的形成和发展状况。

本书以复杂网络结构特性(网络结构一般特性、小世界特性、无标度特性、社团结构、重要节点集)和动力学行为(同步、级联失效、从众行为、群体行为)为核心,对复杂网络拓扑性质和基本模型、网络传播模型与动力学行为、社团结构和级联行为、节点影响力及影响力问题建模和方法进行了系统介绍,在此基础上从结构与行为互相作用的角度出发,重点介绍了在有影响力的节点度量、提升网络系统的可生存性、网络资源优化部署模型和方法、社会网络中特定信息引导控制等方面的研究工作。

参考文献

[1]   WATTS D J. The "new" science of networks[J]. Annual Review of Sociology, 2004,30: 243-270.

[2]   汪小帆,李翔,陈关荣. 复杂网络理论及其应用[M]. 北京: 清华大学出版社,2006.

[3]   MILGRAM S. The small-world problem[J]. Psychology Today,1967,2: 60-67.

[4]   WATTS D J,STROGATZ S H. Collective dynamics of small-world network [J]. Nature,1998,393: 440-442.

[5]   BARABASI A L,ALBERT R. Emergence of scaling in random networks [J]. Science,1999,286: 509-512.

[6]   GIRVAN M,NEWMAN M E J. Community structure in social and biological networks[C]//Proceedings of the International Conference on National Academy of Sciences,2002,99(12): 7821-7826.

[7]   NEWMAN M E J, GIRVAN M. Finding and evaluating community structure in networks[J]. Physical Review E,2004,69(2): 026113.

[8]   NEWMAN M E J. Modularity and community structure in networks[C]// Proceedings of the International Conference on National Academy of Sciences,2006,103(23): 8577-8582.

[9]   BLONDEL V D,GUILLAUME J L,LAMBIOTTE R,et al. Fast unfolding of communities in large networks[J]. Journal of Statistical Mechanics: Theory And Experiment,2008(10): P10008.

[10]   LANCICHINETTI A, FORTUNATO S, KERTÉSZ J. Detecting the overlapping and hierarchical community structure in complex networks[J]. New Journal of Physics,2009,11(3): 033015.

[11]   LIU H W. Community detection by affinity propagation with various

similarity measures[C]//Proceedings of the 4th IEEE International Joint Conference on Computational Sciences and Optimization,2011：182-186.

[12] LEICHT E A, HOLME P, NEWMAN M E J. Vertex similarity in networks[J]. Physical Review E,2006,73(2)：026120.

[13] MORADI F,OLOVSSON T,TSIGAS P. A local seed selection algorithm for overlapping community detection[C]//Proceedings of the IEEE/ACM International Conference on Advances in Social Networks Analysis and Mining,2014：1-8.

[14] （美）D. EASLEY,J. KLEINBERG. 网络、群体与市场：揭示高度互联世界的行为原理与效应机制[M]. 李晓明,王卫红,杨韫利,译. 北京：清华大学出版社,2011.

[15] MILGRAM S,BICKMAN L,BERKOWITZ L. Note on the drawing power of crowds of different size. [J]. Journal of Personality & Social Psychology,1969,13(2)：79-82.

[16] ANDERSON L R,HOLT C A. Information cascades in the laboratory[J]. American Economic Review,1997,87(5)：847-862.

[17] MORRIS S. Contagion[J]. Review of Economic Studies,2000,67：57-78.

[18] CENTOLA D,MACY M. Complex contagions and the weakness of long ties[J]. American Journal of Sociology,2007,113：702-734.

[19] 杨李、宋玉蓉,李因伟. 在线社交网络中谣言的传播与抑制[J]. 物理学报,2018,67(19)：92-102.

[20] SERRANO A B,GÓMEZ-GARDEÑES J, ANDRADE R F S. Optimizing diffusion in multiplexes by maximizing layer dissimilarity[J]. Physical Review E,2017,95(5)：052312.

[21] PASTOR-SATORRAS R, VESPIGNANI. An epidemic dynamics and endemic states in complex networks [J]. Physical Review E, 2001, 63(6)：066117.

[22] COUPECHOUX E, LELARGE M. How Clustering affects epidemics in random networks [J]. Advances in Applied Probability, 2014, 46(4)：985-1008.

[23] YU E Y,CHEN D B. Identifying critical edges in complex networks[J]. Scientific Reports,2018,8：14469.

[24] 金弟,尤心心,刘岳森,等. 结构特征强化的高效马尔可夫随机场社团发现方法[J]. 计算机学报,2019,42(12)：2821-2835.

[25] RISAU-GUSMAN S, ZANETTE D H. Contact switching as a control strategy for epidemic outbreaks[J]. Journal of Theoretical Biology,2009,257(1)：52-60.

[26] 宋玉蓉,蒋国平,徐加刚. 一种基于元胞自动机的自适应网络病毒传播模型[J]. 物理学报,2011,60(12)：110-119.

[27] 李黎,张瑞芳,杜娜娜,等. 基于有限临时删边的病毒传播控制策略[J]. 南

京大学学报(自然科学版),2019,55(4):651-659.

[28] 韩忠明,陈炎,刘雯,等.社会网络节点影响力分析研究[J].软件学报, 2017,28(1):84-104.

[29] 周明洋,吴向阳,曹扬,等.基于群体影响力的网络传播关键节点选择策略 [J].中国科学:信息科学,2019(49):1333-1342.

[30] LI L,ZHENG X HUA,HAN J,et al. Information cascades blocking through influential nodes identification on social networks[J]. Journal of Ambient Intelligence and Humanized Computing,2023,14:7519-7530.

[31] 新华社.国家中长期科学和技术发展规划纲要(2006—2020 年)[EB/OL]. (2006-02-09)[2010-03-20]. http://www. gov. cn/jrzg/2006-02/09/content_ 183787. htm.

[32] BEYGELZIMER A,GRINSTEIN G,LINSKER R,et al. Improving network robustness by edge modification[J]. Physica A,2005(357):593-612.

[33] SEKIYAMA K,ARAKI H. Network topology reconfiguration against targeted and random attack[C]//Proceedings of the International Workshop on Self-Organizing System(IWSOS),2007:119-130.

[34] 李黎,郑庆华,管晓宏.基于有限资源提升网络可生存性的拓扑重构方法 [J].物理学报,2014,63(17):170201.

[35] MCKEOWN N,ANDERSON T,BALAKRISHNAN H,et al. OpenFlow: enabling innovation in campus networks[C]//Proceedings of the ACM SIGCOMM Computer Communication Review,2008,38(2):69-74.

[36] LI L,DU N N,LIU H Y,et al. Towards robust controller placement in software-defined networks against links failure[C]//Proceedings of the IFIP/IEEE International Symposium on Integrated Network Management (IM'19),2019:216-223.

[37] VOSOUGHI S,ROY D,ARAL S. The spread of true and false news online [J]. Science,2018,359:1146-1151.

[38] 张志勇,荆军昌,李斐,等.人工智能视角下的在线社交网络虚假信息检测、 传播与控制研究综述[J].计算机学报,2021,44(11):2261-2282.

[39] WANG Y,LI L,WANG Z H,et al. An efficient method for restraining information cascades on mobile social networks[J]. Journal of Information Science and Engineering,2024(40):151-163.

第2章

复杂网络的基本模型及拓扑性质

2.1 图论与网络基本拓扑性质

2.1.1 网络的图表示

图(graph)是对若干对象的集合及这些对象之间关系的一种抽象形式的表示,即包含一组元素及这些元素之间连边关系的集合。一个具体网络可抽象描述成一个图 $G=(V,E)$,其中集合 $V=\{v_1,v_2,\cdots,v_i,\cdots,v_n\}$ 称为节点集,集合 $E=\{e_1,e_2,\cdots,e_m\}$ 称为边集,$n=|V|$ 表示节点数,$m=|E|$ 表示边数。E 中每条边 e_l 都有 V 中一对节点 (v_i,v_j) 与之对应。抽象之后,本书会经常交替使用网络和图这两个词,对节点和顶点也不做区分。

例如,在图 2-1 中,A、B、C、D 和 E 五个节点及节点之间的连边关系组成了一个图,其中节点 A 通过边和 B、C、D 三个节点相连,节点 D 和节点 E 也通过边相连。图中的节点对之间有连边时称其为邻居(neighbors)。

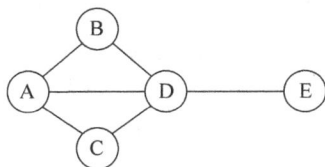

图 2-1 包含 5 个节点的无向图

2.1.2 路径与连通性

1. 路径

一条路径指一个节点和序列,其中每一对相邻的节点之间都有一条连边。也可以理解成路径是这些节点之间连边的集合,即复杂网络中的两个节点之间如果相关联,则称这两个节点之间存在路径,否则不存在。有连才有网,一个系统之所以被称为网络就是因为这个系统的各个部分是按照某种方式相联系的。

假设一个无向网络的图表示为 $G(V,E)$,网络中两个节点之间是否相关联的问题就转化为图 G 中两个顶点之间是否存在路径的问题。无向图中一条路径是指一个顶点序列 $P = v_1 v_2 \cdots v_{k-1} v_k$,其中每一对相邻的顶点 v_i 和 v_{i+1} 之间都有一条边。P 称为从 v_1 到 v_k 的一条路径。一条路径的长度是指这条路径所包含的边的数目。其中,最短路径(shortest path)是指网络中两个顶点之间形成通路经过的边的数目最少。简单路径(simple path)是指各个顶点都互不相同的路径。圈(circle)是指从一个起点出发,经过一些互不相同的顶点,再回到起点的一条路径。一个圈一定是一条回路,但一条回路可能包含多个圈。在技术网络中有时会有意设计一些圈,以期通过路径的冗余实现网络鲁棒性。

2. 连通性

若图 G 中任意每对节点 v_i 和 v_j 之间都有至少一条路径存在,则称图 G 是连通图(connected),否则该图是不连通的(disconnected)。若图 G 中的任意两个节点属于且属于节点子集 V_i 时才连通,则称图 G 中由 V_i 及其连边组成的子图 G_i 是图 G 的一个连通子图。ω 常被用于表示图 G 的子图数,$\omega = 1$ 的图为连通图,$\omega > 1$ 的图为不连通图。一个不连通图是由多个连通子图组成的。

在有向图中,图的连通性被分为弱连通、单连通和强连通。将有向图的所有边去除方向性所得到的无向图通常称为该有向图的底图,底图是连通图的有向图称为弱连通有向图。在一个有向图中,对任意两个节点 v_i 和 v_j,若只存在从 v_i 到 v_j 或者从 v_j 到 v_i 的路径,则称该有向图为单连通有向图;若 v_i 和 v_j 之间存在互通的路径,则称该有向图为强连通有向图。无论有向图或者无向图,从 v_i 到 v_j 的路径中需要经历的最少边数称为从节点 v_i 到 v_j 的距离,对应的路径称为从 v_i 到 v_j 的最短路径。在图 G 所有节点对的距离中,最大的距离称为图 G 的直径。

假设图 $G(V,E)$ 是一个简单图,若移除图 G 中的节点 v,使原来连通的图 G 变成不连通或子图数有增加,即 $\omega(G-v) > \omega(G)$,则称节点 v 是图 G 的一个割点。同理,若移除图 G 中边 e(但不移除边的端节点)后,图 G 变成不连通图或 $\omega(G-e)>\omega(G)$,则称边 e 是图 G 的一个割边(桥)。值得注意的是,上述讨论的连通性、割点及桥的概念均与图中边的方向性无关。

2.2 随机网络模型

随机网络是与规则网络相对应的网络,最经典的模型是 Erdös 和 Rényi 于 20 世纪 50 年代末开始研究的随机图模型。随机图(random graph)就是将一堆顶点随机地连接上边。好比在地上撒了一堆豆子,而豆子之间是否用线来相连是根据某个概率值 p 确定的。随机图理论的一个重要的研究课题是,当概率 p 为多大时,随机图会产生一些特殊的属性。

2.2.1 ER 随机图

1959—1968 年,两位著名的匈牙利数学家 Pual Erdös 和 Alfred Rényi 发表了关于随机图的一系列论文,在图论的研究中融入了组合数学和概率论,建立了一个全新的学术领域分支——随机图论。

ER 随机图是以两位数学家 Erdös 和 Rényi 的名字命名的,是生成随机无向图最简单和常用的方法[1]。ER 随机图具有两种形式的定义:一是指具有固定边数的 ER 随机图 $G(n,m)$,拥有 n 个节点,且 m 条边按照均匀分布采样彼此相连,即随机挑选 m 条边生成无向图;二是指具有固定连边概率的 ER 随机图 $G(n,p)$,拥有 n 个节点,且每一条边都是以独立同分布的概率 p 产生的无向图[2]。有一种说法是,最常被讨论的 $G(n,p)$ 其实是由埃德加·N. 吉尔伯特(Edgar N. Gilbert)提出的,不过由于 Erdös 和 Rényi 提出的 $G(n,m)$ 更早一些,后来就将这两种都统称为 ER 随机图。

在随机图模型 $G(n,m)$ 中,给定 n 和 m,随机图 $G(n,m)$ 的定义是随机从 n 个顶点和 m 条边所生成的所有图集合中等概率地选择一个。这样的图集合中图的个数记为 Ω,因此每种图出现的概率是 $1/\Omega$。在 Erdös-Rényi 模型中,当顶点数目相同时,具有固定边数的所有图均具有同等的概率出现。因此,严格来说,随机图模型并不是随机生成的单个网络,而是一簇网络(an ensemble of networks)。在讨论随机图的性质时,通常是指这一簇网络的平均性质。Erdös 等数学家们也证明了,当网络规模趋于无穷大时,随机图的许多性质都可以精确地解析计算。不过,已有的关于随机图的大部分理论工作都是针对 $G(n,p)$ 随机图模型展开的。

随机图模型 $G(n,p)$ 的生成过程可描述为:①初始化:给定 n 个节点及连边概率 $p \in [0,1]$。②随机连边:选择一对没有边相连的不同的节点,生成一个随机数 $r \in [0,1]$。如果 $r<p$,那么在这对节点之间添加一条边;否则不用添加。重复以上步骤,直至所有的节点都被选择过一次。上述生成的随机图具有如下几种情形:①如果 $p=0$,那么 $G(n,p)$ 只有一种可能:n 个孤立节点,边数 $m=0$;②如果 $p=1$,那么 $G(n,p)$ 也只有一种可能:n 个节点组成的全耦合网络,边数 $m=n(n-1)/2$;③如果 $p \in [0,1]$,那么从理论上说,n 个节点生成具有任一给定的边数 $m \in [0,n(n-1)/2]$ 的网络都是有可能的。

在随机图模型 $G(n,p)$ 中,只用 n 和 p 能完全确定一个随机图吗?图 2-2 给出了在相同参数 $n=10$ 和 $p=1/6$ 时所生成的随机图的 3 个实例。由此可知,n 和 p 并不能完全决定一个图。我们发现,即便给定 n 和 p,图也有很多实现形式。一般而言,不同边数的网络出现的概率是不一样的。但是,如图 2-3 所示,对于固定的概率 p,当网络规模 n 充分大时,通过随机图模型 $G(n,p)$ 生成过程可知,其所得到图的边数都会比较接近。

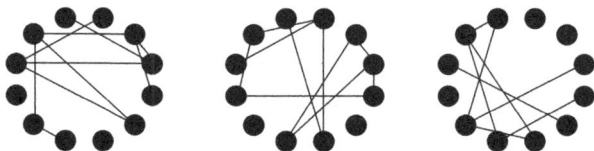

图 2-2　$n=10$ 和 $p=1/6$ 时生成随机图的 3 个实例

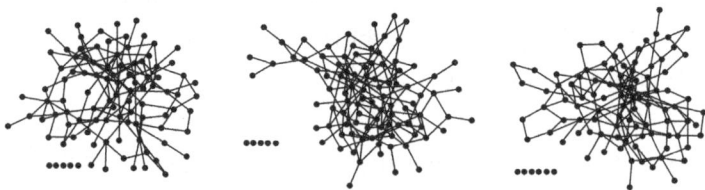

图 2-3　$n=100$ 和 $p=0.03$ 时生成随机图的 3 个实例

事实上,随机图模型 $G(n,m)$ 和 $G(n,p)$ 的定义是等价的,n 个节点的图中最多拥有的边数是 $n(n-1)/2$,而 $G(n,m)$ 图中恰好有 m 条边,且它们分配的概率是均等的,因此两个节点之间是否存在边的概率就是 $p=m/[n(n-1)/2]$。随机图模型 $G(n,m)$ 和 $G(n,p)$ 的相同点体现在,图中节点数目都为 n,且当 $p=m/[n(n-1)/2]$ 时,$G(n,p)$ 中边的数期望为 m;它们的区别体现在,$G(n,p)$ 图中可能边的数量在 $[n(n-1)/2]p$ 上下波动,$G(n,m)$ 图中则恒定有 m 条边。

2.2.2　拓扑性质分析

接下来考虑给定 n 和 p,研究随机图 $G(n,p)$ 可能拥有的拓扑性质,包括随机图的度及度分布、聚集系数和平均最短路径长度、连通分量等。

1. 随机图的度

图的度(degree)指的是对于某个顶点而言,与它相关联的边的条数。对于随机图 $G(n,p)$ 而言,它的边数大约是 $pn(n-1)/2$,最多与该节点相连接的顶点数为 $n-1$,整个图的顶点平均度是(边数 $\times 2$)/顶点数,用记号 $\langle k \rangle$ 来表示,意味着顶点平均度是 $\langle k \rangle = p(n-1) \sim pn$,当 n 充分大的时候成立。换言之,$p \sim \langle k \rangle / n$。

对于随机图 $G(n,p)$ 中的一个顶点 i 来说,关注该节点恰好有 d 条边的概率值。事实上,对于除了 i 之外的 $n-1$ 个点而言,有 d 个顶点与 i 相连,$n-1-d$ 个顶点与 i 不相连,其概率是 $p^d(1-p)^{n-1-d}$,同时需要从这 $n-1$ 个点中选择 d 个点,因此,顶点 i 的度恰好是 d 的概率为 $P_d = C(n-1,d)p^d(1-p)^{n-1-d}$。特别地,当 $d \ll n$ 时,上述概率近似于泊松分布。事实上,$p = k/(n-1)$ 并且 $C(n-1,d) = (n-1)(n-2)\cdots(n-d+1)/d! \sim (n-1)^d/d!$,$(1-p)^{n-1-d} \sim (1-\langle k \rangle/(n-1))^{n-1-d} \sim e^{-\langle k \rangle}$,因此,当 $d \ll n$ 时,P_d 近似于泊松分布,$P_d \sim \langle k \rangle^d e^{-\langle k \rangle}/d!$。

2. 随机网络的度分布

网络中任一给定节点恰好与其他 d 个节点有边相连的概率为 $p^d(1-p)^{n-1-d}$。由于共有 $C(n-1,d)$ 种选取 d 个其他节点的方式,因此网络中任一给定节点的度为 d 的概率同样服从二项分布。在 n 很大且 p 很小的极限情况下,二项分布可近似为泊松分布。

在连接概率为 p 的 ER 随机图中,其平均度为 $\langle k \rangle = p(n-1) \sim pn$。某节点 v_i 的度 k_i 等于 k 的概率遵循参数为 $n-1$ 和 p 的二项式分布 $P(k_i = k) = C(n-1,k)p^k(1-p)^{n-1-k}$。值得注意的是,若 v_i 和 v_j 是不同的节点,则 $P(k_i = k)$ 和 $P(k_j = k)$ 是两个独立的变量。为了找到随机图的度分布,需得到度为 k 的节点数 X_k。为此,需要得

到 X_k 等于某个值的概率 $P(X_k=r)$。连接度为 k 的平均节点数为 $\lambda_k=E(X_k)=n \cdot P(k_j=k)$,即 $\lambda_k=nC_{n-1}^k p^k (1-p)^{n-1-k}$。$X_k$ 值的概率接近泊松分布 $P(X_k=r)=(e^{-\lambda_k}\lambda_k^r)/r!$,即度为 k 的节点数目 X_k 满足均值为 λ_k 的泊松分布。这意味着 X_k 的实际值和近似结果 $X_k=n \cdot P(k_i=k)$ 并没有很大偏离,只要求节点相互独立。这样,随机图的度分布可近似表示为二项式分布:$P(k)=nC_{n-1}^k p^k (1-p)^{n-1-k}$。当 n 比较大时,它可被泊松分布 $P(k)=[e^{-pn}(pn)^k]/k!=(e^{-\langle k \rangle}\langle k \rangle^k)/k!$ 取代。

由于随机网络中节点之间的连接是等概率的,因此大多数节点的度都在均值 $\langle k \rangle$ 附近,网络中没有度特别大的节点。对于大范围内的 p 值,最大和最小的度值都是确定性的和有限的。例如,若 $p(n) \propto n^{-1-1/k}$,几乎没有图有度大于 k 的节点。另外一个极值情况是,若 $p=[\ln(n)+k\ln(\ln(nN))+c]/n$,几乎每个随机图都至少有最小的度 k。图 2-4 是 $n=1000$、$p=0.0015$ 时随机网络的度分布,图中的点代表 X_k/n(度分布),连续曲线代表期望值 $E(X_k)/n=p(k_i=k)$,可以发现两者偏离确实很少。

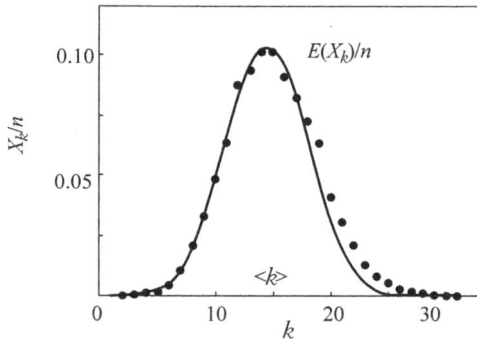

图 2-4　$n=1000$、$p=0.0015$ 时随机网络度分布的示例图

3. 随机图的聚集系数和平均路径长度

随机网络中任何两个节点之间的连接都是等概率的,因此对于某个节点 v_i,其邻居节点之间的连接概率也是 p。所以,随机网络的集类系数为 $C_{rand} \approx p=\langle k \rangle/n$。

直观上,ER 随机图的聚集系数很小,意味着网络中的三角形数量相对很少。对于 ER 随机图中随机选取的一个点,网络中大约有 $\langle k \rangle$ 个其他节点与该点之间的距离为 1;大约有 $\langle k \rangle^2$ 个其他节点与该点之间的距离为 2；以此类推，由于网络总的节点数为 n，设 D 是 ER 图的直径，大体上应该有 $n\sim\langle k\rangle^{D}$。因此，随机网络的直径 D 和平均路径长度 L 满足 $L\leqslant D\sim\ln n/\ln\langle k\rangle$。这种平均路径长度为网络规模的对数增长函数的特性就是典型的小世界特征。$\ln n$ 的值随 n 增长得很慢，使即使规模很大的网络也可以具有很小的平均路径长度和直径。

真实网络并不遵循随机图的规律，相反，其集聚系数并不依赖于 n，而是依赖于节点的邻居数目。通常，在具有相同的节点数和相同的平均度的情况下，ER 随机图的集类系数 C_{rand} 比真实复杂网络的要小得多。这意味着大规模的稀疏 ER 随机图一般没有集聚特性，而真实网络一般都具有明显的集聚特性。

ER 随机图即使扩展到很大，仍然可以保证节点之间只有几跳（hops）的距离。随机图 $G(n,p)$ 中，对于大多数的 p 值，几乎所有的图都有同样的直径。这就意味着连接概率为 p 的 n 阶随机图的直径的变化幅度非常小，通常集中在 $L=\ln n/\ln\langle k\rangle=\ln n/\ln pn$，这体现出典型的小世界效应。规则网络的普遍特征是集聚系数大且平均距离长，而随机网络的特征是集聚系数低且平均距离小。

4. 随机图的连通分量

对于随机图 $G(n,p)$ 而言，它的连通分量数目是与顶点的平均度 $\langle k\rangle$ 息息相关的。特别地，当 $\langle k\rangle=0$ 时，每个顶点都是孤立的，连通分量数目为 n；当 $\langle k\rangle=n-1$ 时，任意两个顶点都有边连接，整个图是完全图，连通分量数目是 1。顶点的平均度从 0 到 $n-1$ 的过程中，连通分量数目的个数从 n 演变到 1，最大连通分量中顶点数从 1 演变到 n。

随机图 $G(n,p)$ 的图结构随 p 变化的情况如图 2-5 所示。

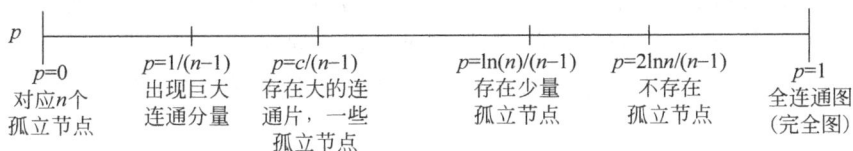

图 2-5　随机图 $G(n,p)$ 的图结构随 p 变化的情况

从图 2-5 中观察可知，当巨大连通分量出现时，$p=1/(n-1)$，此时平均度 $\langle k\rangle=(n-1)p=1$；当 $\langle k\rangle=1-\varepsilon$（即小于 1）时，所有的连通分量大小为 $\Omega(\ln n)$；当 $\langle k\rangle=1+\varepsilon$（即大于 1）时，存在一个连通分量大小为 $\Omega(n)$，其他的大小为 $\Omega(\ln n)$。

图 2-6 是随机图 $G(n,p)$ 在 $n=100000$、$\langle k\rangle=(n-1)p=0.5$，

$1, \cdots, 3$ 时的模拟实验图像。根据观察可知，图 2-6 所示的随机图 $G(n,p)$ 在平均度大于 1 时，巨片连通分量恰好出现。

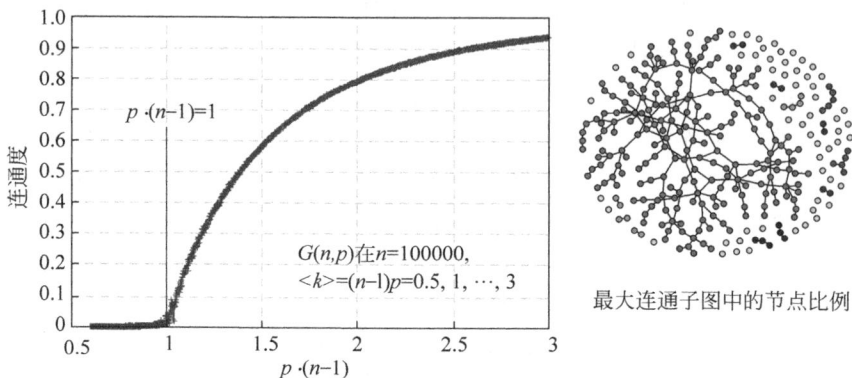

图中纵轴：连通度，横轴：$p \cdot (n-1)$

图中标注：$p \cdot (n-1)=1$

$G(n,p)$ 在 $n=100000$，$\langle k \rangle=(n-1)p=0.5, 1, \cdots, 3$

最大连通子图中的节点比例

图 2-6　在随机图中观察巨片连通分量出现情况

2.2.3　随机图的涌现及相变性质

ER 随机图的连通性具有两个极端情形：

（1）$p=0$ 对应 n 个孤立节点：最大连通分量中只包含一个节点，与网络规模 n 无关。

（2）$p=1$ 对应全连通图：最大连通分量规模为 n，随着网络规模的增长而增长。一般而言，如果网络中的一个连通分量的规模随着网络规模的增长而成比例增长，那么该连通分量就是一个巨片，因为当网络规模充分大时，这个巨片会包含网络中相当比例的节点。

直观上看，随着连边概率 p 的增加，生成的随机图中的边数也在增加，网络的连通性也越来越好。值得关注的问题是：当连接概率 p 从 0 开始逐渐增加到 1 时，最大连通分量的规模是如何具体变化的？特别地，当 p 多大时才会出现包含网络中一定比例节点的巨片（即最大连通分量）？

随机图理论的一个主要研究课题是：当概率 p 为多大时，随机图会产生一些特殊的属性。Erdös 和 Rényi 系统性地研究了当 $n \rightarrow \infty$ 时随机图的性质 Q 与概率 p 之间的关系。随机图 G 的许多性质 Q 存在突然涌现现象，即对于任一给定的连边概率 p，要么几乎每一个图 $G(n,p)$ 都存在性质 Q，要么几乎每一个这样的图都不存在性质 Q。

随机图中图性质 Q 的这种突然涌现现象称为图性质 Q 的相变（transition）现象，把发生相变的临界点称为相变点。相变是指在图论中，当一个网络有 n 个节点和一定数量的边时，它没有某个性质，但是再加一些边，它的整个网络性质就会发生变化。在物理学领域，相变通常是一个系统从物质的一种状态(相位)到另一种状态的转变，如水在 $100℃$ 的转变温度下沸腾(从液体到气体)或冰在 $0℃$ (在大气压力下)时融化(从固体到液体)。这个概念目前在脑科学里也用得很广泛。

随机图的许多重要性质都是突然涌现的。当连接概率 p 超过某个临界值 p_c 时，许多性质就会突然涌现。当连接概率 p 从 0 开始增大时，网络中初始阶段的 n 个孤立节点开始形成一些小的连通片；在 p 逐渐增大的过程中，小的连通分量融合成为大的连通分量，当 p 超过某临界值时则会生成巨片。当 p 超过某个临界值 $p_c \approx 1/n$ (对应 $\langle k \rangle = 1$)时，网络中会突然涌现一个包含相当部分节点的连通巨片；当 $p > \ln n/n$ (对应 $\langle k \rangle > \ln n/n$)时，几乎每一个随机图都是连通的。

1960 年，Erdös 和 Rényi 发表的论文精确地描述了 p 在不同取值下的表现[1]，其结论有：若 $p < 1/n$，则 $G(n,p)$ 中的一个图几乎一定没有连通分量的大小大于 $O(\ln n)$；若 $p = 1/n$，则 $G(n,p)$ 中的一个图几乎必有最大的连通分量，其阶为 $n^{2/3}$；若 $p \approx c > 1$，其中 c 为常数，则 $G(n,p)$ 中的一个图几乎必有唯一的包含节点有限部分的巨片；没有连通分量会有超过 $O(\ln n)$ 个节点；若 $p < \ln n/n$，则 $G(n,p)$ 中的一个图几乎必有孤立节点，因而它是不连通的；若 $p > \ln n/n$，则 $G(n,p)$ 中的一个图几乎一定是连通的。因此，$\ln n/n$ 是 $G(n,p)$ 连通性的重要临界值。当 n 趋近于无穷大时，还有许多图的性质几乎处处成立。

2.3　小世界网络模型

已有研究表明，规则的最近邻耦合网络具有较高的聚类特性，但并不具有较短的平均路径长度，而 ER 随机图虽然具有较短的平均路径长度，但却没有高聚类特性。因此，这两类网络模型都不能再现真实网络的一些重要特征，因为大部分实际网络既不是完全规则的也不是完全随机的。在现实生活中，人们通常认识他们的邻居和同事，但也可能有一些朋友远在异国他乡；互联网上的网页也绝不是像 ER 随机图那样完全随机地连接在一起的。那么，是否存在一个同时具有高聚类特性又具有较短的平均路径长度的网络呢？Watts 和 Strogtz 找到了这样的网络模型,一个从完全规则网络向完全随机网络过渡的小世界网络模型,称为 WS 小世界网络模型。

2.3.1 WS 小世界网络模型

作为从完全规则网络向完全随机网络的过渡,Watts 和 Strogtz 于 1998 年引入了一个小世界网络模型[3]。其核心思想是通过在规则网络上对连边进行少许的随机重连就可以产生具有小世界特征的网络模型。其构造算法如下:

(1)从规则图开始:考虑一个含有 N 个点的环状最近邻耦合网络,其中每个节点都与它左右相邻的各 $K/2$ 个节点相连,K 为偶数。

(2)随机化重连:以概率 p 随机地重新连接网络中原有的每条边,即把每条边的一个端点保持不变,另一个端点改取为网络中随机选择的一个节点。其中规定,任意两个不同节点之间至多只能有一条边,并且每个节点都不能有边与自身相连。

在上述模型中,$p=0$ 对应完全规则网络,$p=1$ 对应完全随机网络,通过调节参数 p 的值就可以实现从完全规则网络到完全随机网络的过渡。在具体算法实现时,可以把网络中所有节点编号为 $1,2,\cdots,$ N。对于每一个节点 i,顺时针选取与节点 i 相连的 $K/2$ 条边中的每一条边,边的一个端点仍然固定为节点 i,以概率 p 随机选取网络中的任一节点作为该条边的另一端点。因此,严格地说,即使在 $p=1$ 的情形下,通过这种算法实现得到的 WS 小世界网络模型与包含相同节点数和边数的 ER 随机图还是有所区别的:在 WS 小世界模型中,每个节点的度至少为 $K/2$,而 ER 随机图对单个节点的度的最小值没有任何限制。如果要保证 $p=1$ 时 WS 模型等同于 ER 随机图,那么在 WS 模型的生成算法中就要对选取的每一条边的两个端点都完全随机地重新配置。这类既具有较短的平均路径长度又具有较高的聚集特性的网络就是典型的小世界网络。

2.3.2 NW 小世界网络模型

WS 小世界网络模型构造算法中的随机化过程有可能影响网络的连通性。另一个研究较多的小世界网络模型是 1999 年由 Newman 和 Watts 提出的 NW 小世界网络模型[4]。该模型用"随机化加边"取代了 WS 小世界模型构造中的"随机化重连",具体构造算法如下:

(1)从规则图开始:考虑一个含有 N 个点的环状最近邻耦合网

络,其中每个节点都与它左右相邻的各 $K/2$ 个节点相连,K 为偶数。

(2) 随机化加边:以概率 p 在随机选取的 $NK/2$ 对节点之间添加边。其中任意两个不同的节点之间至多只能有一条边,并且每个节点都不能有边与自身相连。

在 NW 小世界网络模型中,$p=0$ 对应原来的最近邻耦合网络,当 $p=1$ 时,NW 模型相当于在规则最近邻耦合网络的基础上再叠加一个一定边数的随机图。当 p 足够小而 N 足够大时,NW 小世界网络模型与 WS 小世界网络模型是等价的。注意,在 WS 模型中,边的数目固定为 $NK/2$,但是以概率 p 对这些边进行随机重连,意味着随机重连得到的长程边(shortcuts)数目的均值为 $NKp/2$。在 NW 模型中,原有的 $NK/2$ 条边保持不变,并在此基础上再随机添加一些边,为便于比较,这些添加的长程边的数目均值同样取为 $NKp/2$。

在现实朋友关系网络中,小世界网络模型反映了朋友关系的一种特性,即大多数人的朋友都和他们居住在同一个城市或在同一个圈子中工作。也有一些朋友住得比较远,甚至远在异国他乡,这种情形对应在 WS 小世界网络模型中通过重连或在 NW 小世界网络模型中通过加入连线产生远程连接。实际上,除了 WS 小世界网络模型和 NW 小世界网络模型外,还有许多改进模型,通过加点、加边、去点、去边及不同形式的交叉,可产生多种形式的小世界网络模型。

2.3.3　拓扑性质分析

本节主要从理论上分析小世界模型的拓扑性质:聚集系数、平均路径长度和度分布。

1. 小世界网络的聚集系数

小世界网络具有比较高的聚集系数。对于 WS 模型来说,当重连概率 $p=0$ 时,对应的最近邻耦合规则网络的聚集系数不受网络规模 n 大小的影响,仅受其拓扑连接方式的影响。每个节点有 K 个邻居节点,可以推得这 K 个邻居节点之间的边数为 $M_0=3K(K-2)/8$。假设在 $p=0$ 时,节点 i 的两个邻居节点 j 和 k 之间有边相连,那么当 $p>0$ 时,这 3 个节点之间的 3 条边保持不变的概率为 $(1-p)^3$。此外,即使节点 i 和节点 j 之间原来存在的边在重连时被移除了,也有可能存在以节点 j 为端点的另一条边在重连时恰好选择节点 i 作为另一端点,从而在节点 i 和节点 j 之间又补回一条边。这一可能性发生的概率为 $1/(n-1)$。因此,节点 j 和节点 k 仍然是节点 i 的邻居节点并且仍然互为邻居的概率应该为 $(1-p)^3+O(1/n)$，从而重连后一个节点的邻居节点之间的连边的平均数为 $M_0(1-p)^3+O(1/n)$。

基于上述估计，给出 WS 模型的聚集系数的估计值为

$$\bar{C}_{\text{WS}}(p) \triangleq \frac{M_0(1-p)^3+O(1/n)}{K(K-1)/2} = C_{\text{nc}}(1-p)^3+O(1/n)$$

$$(2\text{-}1)$$

对于 NW 小世界网络模型的聚集系数，可以用网络中三角形的相对数量来刻画。当 $p=0$ 时，最近邻耦合网络中的三角形数量为 $\frac{1}{4}nK\left(\frac{1}{2}K-1\right)$。当 $p>0$ 时，这些三角形在 NW 模型中仍然存在，需要计算在添加了长程边后新增的三角形的数量。网络中长程边的平均数为 $\frac{1}{2}nKp$，这些边可以在 $\frac{1}{2}n(n-1)$ 个节点对之间添加。当网络规模 N 趋于无穷时，包含一条长程边的三角形数量与最近邻耦合网络的三角形数量相比是可以忽略不计的。同样地，包含两条或三条长程边的三角形数量也可以忽略不计。因此，当 $0 \leqslant p \ll 1$ 时，NW 模型中三角形的数量近似为 $\frac{1}{4}nK\left(\frac{1}{2}K-1\right)$。进一步分析，当 $0 \leqslant p \ll 1$ 时，NW 小世界网络模型的聚类稀疏的估计值为

$$\begin{aligned}\bar{C}_{\text{NW}}(p) &= \frac{3 \times \frac{1}{4}nK\left(\frac{1}{2}K-1\right)}{\frac{1}{2}nK(K-1)+nK^2p+\frac{1}{2}nK^2p^2} \\ &= \frac{3(K-2)}{4(K-1)+4Kp(p+2)}\end{aligned}$$

$$(2\text{-}2)$$

2. 平均路径长度

Watts 等认为小世界网络的平均路径长度有效的原因在于两个节点间出现了最短路径(捷径)。每条捷径都是随机生成的，都有把网络中分散部分连接起来的趋势。关于 WS 模型和 NW 模型的平均路径的理论分析至今仍然是很困难的事情，目前研究者还没有得到这两个模型的平均路径长度 L 的精确解析表达式。有研究表明，小世界模型的平均路径长度应该具有如下形式：

$$L = \frac{n}{K}f(nKp)$$

$$(2\text{-}3)$$

式中，$f(\cdot)$ 为一与模型参数无关的普适标度函数。目前还没有 $f(\cdot)$ 的精确显式表达式，Newman 等基于平均场方法对于 NW 模型给出了近似表达式[4]：

$$f(x) = \frac{2}{\sqrt{x^2 + 4x}} \operatorname{arctanh} \sqrt{\frac{x}{x+4}} \qquad (2\text{-}4)$$

基于式(2-3)和式(2-4)可推出平均路径长度是网络规模的对数增长函数，可得

$$L = \frac{\ln nKp}{K^2 p}, \quad nK \gg 1 \qquad (2\text{-}5)$$

注意到，nKp 是网络中随机添加的长程边数目的均值的 2 倍。式(2-5)表明，只要网络中随机添加的边的绝对数量足够大（但是占整个网络边数的比例仍然可以相当小），平均路径长度就可视为网络规模的对数增长函数。

3. 度分布

在基于"随机化重连"机制的 WS 小世界网络模型中，当 $p=0$ 时，每个节点的度都为 K（偶数），即每个节点都与 K 条边相连；当 $p>0$ 时，基于 WS 模型的随机重连规则的实现算法，每个节点仍然至少与顺时针方向的 $K/2$ 条原有的边相连，即每个节点的度至少为 $K/2$。为此，不妨记节点 i 的度为 $k_i = s_i + K/2, s_i \geqslant 0$ 且为整数。

当 $k \geqslant K/2$ 时：

$$P(k) = \sum_{n=0}^{\min(k-K/2, K/2)} \binom{K/2}{n} (1-p)^n p^{K/2-n} \frac{(pK/2)^{k-(K/2)-n}}{[k-(K/2)-n]!} e^{-pK/2} \qquad (2\text{-}6)$$

当 $k < K/2$ 时，$P(k) = 0$。

在基于"随机化加边"机制的 NW 小世界网络模型中，由于原有的规则最近邻网络中的所有边保持不变，每个节点的度至少为 K。因此，当 $k < K$ 时，$P(k) = 0$；当 $k \geqslant K$ 时，一个节点的度为 k 就意味着有 k 条长程边与该节点相连。每一对节点之间有边相连的概率为 $Kp/(N-1)$。因此，一个随机选取的节点的度为 k 的概率为

$$P(k) = \binom{n-1}{k-K} \left(\frac{Kp}{n-1}\right)^{k-K} \left(1 - \frac{Kp}{n-1}\right)^{n-1-k+K} \qquad (2\text{-}7)$$

当网络中节点数 n 充分大时，二项分布式(2-7)可近似写为泊松分布：

$$P(k) = \frac{(K_p)^{k-K}}{(k-K)!} e^{-K_p} \qquad (2\text{-}8)$$

式(2-8)为近似等式,当 $n \rightarrow \infty$ 时精确成立。

2.4 无标度网络模型

前文提到的 ER 随机图、WS 小世界网络模型和 NW 小世界网络
模型的一个共同特征是网络的度分布可近似用泊松分布表示,该分布
在度平均值 $\langle k \rangle$ 处有一峰值,然后呈指数快速衰减。这意味着当 k 远
大于 $\langle k \rangle$ 时,度为 k 的节点几乎不存在。因此,这类网络也称为均匀网
络或指数网络(exponential network)。20 世纪末,网络科学研究上的
另一个重大发现就是包括互联网、万维网、科研合作网等众多不同领
域的网络的度分布都可用适当的幂律形式较好地描述。由于这类网
络节点的度没有明显的特征长度,故称为无标度网络(scale-free
network)。

无标度网络的发现成为了网络科学研究中的一个重要课题,人们
开始思考导致这种宏观性质的微观机制是什么。无标度网络的幂律
度分布使这类网络在小世界特征的基础上又具有了许多新的性质,如
不存在传染病传播的临界阈值等。对网络鲁棒性的研究结果表明,随
机失效基本上不会影响无标度网络的连通性,但在有目的的恶意攻击
情况下,很小比例的节点移除就会对网络的连通性造成根本性的影
响,这与现实世界中许多复杂系统的表现完全类似。本节先介绍无标
度网络的模型,明确建模目标,构建简单模型,进行合理特性分析等;
然后介绍无标度网络的鲁棒性和脆弱性。

2.4.1 BA 无标度网络模型

1999 年 10 月,Barabasi 和 Albert 在 *Science* 上发表了复杂网络
领域的另一篇标志性文章,揭示了复杂网络的无标度特性,建立了无
标度网络模型[5]。Barabasi 和 Albert 指出,ER 随机图和 WS 小世界
网络模型忽略了实际网络的两个重要特性:

(1)增长(growth)特性:网络的规模是不断扩大的。例如,每天
万维网上都有大量新的网页产生,每个月都会有大量的新的科研文章
发表,但 ER 随机图、WS 小世界网络模型和 NW 小世界网络模型中网
络节点数是固定的。

（2）优先连接（preferential attachment）特性：新的节点更倾向于与那些具有较高连接度的"大"节点相连接。这种现象也称为"富者更富"（rich get richer）或"马太效应"（Matthew effect）。例如，在互联网中，新建立的超文本链接更有可能指向已有影响的网站相连接，新发表的文章更倾向于引用一些已被广泛引用的重要文献。而在 ER 随机图中，两个节点之间是否有边相连是完全随机确定的，在 WS 小世界网络模型中，长程边的端点也是完全随机确定的。

基于上述增长和优先连接特性，Barabasi 和 Albert 提出了 BA 无标度网络模型。BA 无标度网络模型的构造算法如下：

（1）增长：从一个具有 m_0 个节点的连通网络开始，每次引入一个新的节点，与 m 个已存在的节点相连，这里 $m \leqslant m_0$。

（2）优先连接：一个新节点与一个已经存在的节点 i 相连接的概率 Π_i 与节点 i 的度 k_i 之间满足如下关系：

$$\Pi_i = \frac{k_i}{\sum_j k_j} \tag{2-9}$$

在经过 t 步后，这种算法会产生一个有 $n = t + m_0$ 个节点、mt 条边的网络。

根据增长特性和优先连接，网络将最终演化成一个标度不变的状态（网络的度分布不随时间而改变），即网络的度分布不随网络节点数 n 而改变。经分析可得到度值为 k 的节点的概率正比于幂次项 k^{-3}。

在 BA 无标度网络模型中，从网络中某一节点 i 的度值 k_i 随时间变化的角度出发，假设其度值连续，可以得到 BA 无标度网络模型的度分布函数为

$$P(k) = \frac{2m^2 t}{m_0 + t} \frac{1}{k^3} \tag{2-10}$$

当 $t \to \infty$ 时，$P(k) = 2m^2 k^{-3}$，完全符合幂律分布。

BA 无标度网络模型平均路径长度和聚集系数的推导涉及较深的数学知识，本书只给出有关结果。BA 无标度网络模型的平均路径长度比网络规模的对数还要小。具体地说，当 $m \geqslant 2$ 时，有[6]

$$L \sim \frac{\ln n}{\ln(\ln n)} \tag{2-11}$$

可见，BA 无标度网络模型具有小世界特性。

此外，当网络规模充分大时，BA 无标度网络模型并不具有明显的聚类特征；具体地说，BA 无标度网络模型的聚集系数满足[7]：

$$C \approx \frac{(\ln t)^2}{t} \tag{2-12}$$

可见,BA无标度网络模型不仅平均距离很小,聚集系数也很小,但比同规模随机图的聚集系数要大。不过当网络趋于无穷大时,这两种网络的聚集系数均近似为零。

2.4.2 无标度网络的扩展模型

BA无标度网络模型把实际复杂网络的无标度特性归结为增长和优先连接这两个非常简单明了的机制,很好地体现了科学研究中的从复杂现象提取简单本质的特点。当然,BA无标度网络模型和真实网络相比存在一些明显的限制。在BA无标度网络模型提出后,人们做了各种各样的扩展。本节着重介绍推广的是考虑到节点之间具有不同的竞争能力的适应度模型。

在BA无标度网络模型的增长过程中,节点的度也在发生变化,并且满足幂律关系:

$$k_i(t) = m\left(\frac{t}{t_i}\right)^{\frac{1}{2}} \tag{2-13}$$

式中,$k_i(t)$为第i个节点在时刻t的度;t_i为第i个节点加入网络中的时刻。此时有

$$\frac{k_i(t)}{k_j(t)} = \left(\frac{t_j}{t_i}\right)^{\frac{1}{2}} \tag{2-14}$$

这意味着

$$k_i(t) > k_j(t), \quad t_i < t_j$$

式(2-14)表明,在BA无标度网络模型中,越老的节点具有越高的度,即后来者不可能居上。然而,在许多实际网络中,节点的度及其增长速度并非只与该节点的年龄有关,还与节点的内在属性相关。比如,在社会网络中,一些人具有较强的社交能力,他们即使是新加入某一个群体,也可以在较短时间内在新群体中结识不少朋友;在论文引用网络中,虽然每个月都有新的大量文章发表,但文章间在质量上的差距非常大,一些高质量的新发表的科研论文可以在较短时间内就获得大量的引用。Biancni和Barabasi把节点内在的属性性质称为节点的适应度(fitness),并据此在BA无标度网络模型的基础上提出了适应度模型(fitness model)[8]。适应度模型的模型构造算法如下:

(1) 增长:从一个具有m_0个节点的连通网络开始,每次引入一

个新的节点并且连到 m 个已存在的节点上,这里 $m \leqslant m_0$。

（2）优先连接：一个新节点与一个已经存在的节点 i 相连接的概率 Π_i,与节点 i 的度 k_i 和适应度 η_i 之间满足如下关系：

$$\Pi_i = \frac{\eta_i k_i}{\sum_j \eta_j k_j} \tag{2-15}$$

可以看出,适应度模型与 BA 无标度模型的区别在于,适应度模型中的优先连接概率与节点的度和适应度之积成正比,而不是仅与节点的度成正比。适应度模型会假设每个节点在初始时就有一个固定的适应度。尽管从形式上看,适应度模型和 BA 无标度网络模型的优先连接概率公式相差不大,但对于适应度模型的理论分析却要困难得多。

2.4.3　无标度网络的鲁棒性与脆弱性

实证研究表明,绝大多数实际网络在节点之间的连接关系方面表现出惊人的相似,其度分布服从幂律分布[9],而不是像著名数学家 Erdös 和 Rényi 所断言的那样服从泊松分布[10]。由于幂律分布具有标度不变性,因而将度分布服从幂律分布的网络统称为无标度网络。因此可以断言,绝大多数实际的复杂网络表现出无标度性。

无标度网络"鲁棒但又脆弱"（robust yet fragile）的研究最早始于 2000 年 Albert 等的工作[11],他们分别把随机网络（ER 随机图）和无标度网络（BA 无标度网络模型）置于两种失效模式中：随机故障（random failure）,即随机地移除网络中的节点；选择性攻击（intentional attack）,即按照节点度从大到小的顺序移除节点。Albert 等分别比较了随机网络和无标度网络遭到故障和攻击时的不同表现,验证了对随机故障的鲁棒性和对选择性攻击的脆弱性是无标度网络的一个基本特征,并指出其根源在于无标度网络中度分布的不均匀性：绝大多数节点的度都相对很小,只有少量节点的度相对很大。如图 2-7 所示,假设移除的节点数占原始网络总节点数的比例为 f,用最大连通子图规模平均路径长度（average path length,APL）与 f 的关系来度量网络的鲁棒性和抗毁性。从图 2-7 中可以看出,面对随机故障和选择性攻击无标度网络的最大连通子图规模和平均路径长度随 f 变化的情况。结果表明,在随机故障下,无标度网络相对于随机网络有更强的鲁棒性；但在选择性攻击下,无标度网络却显得异常脆弱,只要少数"核心节点"被移除,整个网络就会陷入瘫痪。无标度网络这种鲁棒但又脆弱的双重特性也被称为"阿喀琉斯之踵"（Achilles'heel）。在互联网和万维网上的实证分析也验证了他们的结论。

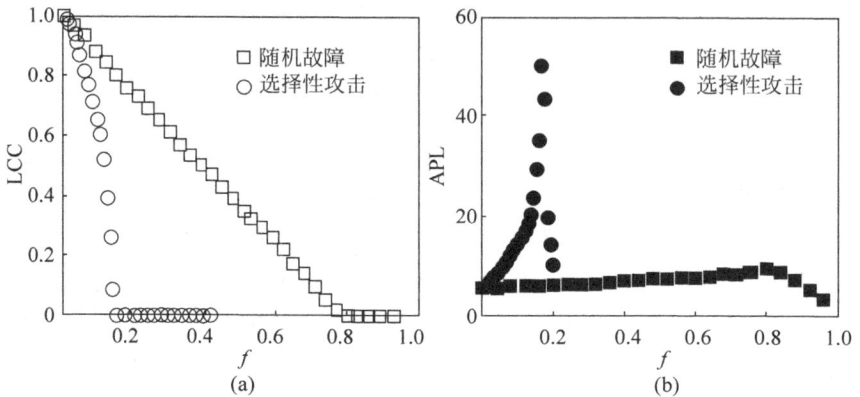

图 2-7　BA 无标度网络模型在随机故障和选择性攻击情况下最大连通子图规模和平均路径长度的变化情况[11]

(a) 最大连通子图规模的变化情况；(b) 平均路径长度的变化情况

　　在此之后，有很多学者对现实世界中复杂网络的鲁棒性和脆弱性展开了探讨，总体研究结果似乎都与 Albert 等所得结果一致，即多数网络对于随机的节点移除都表现出很强的鲁棒性，但面对以最大节点度为目标的选择性攻击却相当脆弱。

参考文献

[1]　ERDÖS P,RÉNYI A. On the evolution of random graphs[J]. Publ. Math. Inst. Hung. Acad. Sci,1960,5(1)：17-60.

[2]　GILBERT E N. Random graphs[J]. The Annals of Mathematical Statistics, 1959,30(4)：1141-1144.

[3]　WATTS D J,STROGATZ S H. Collective dynamics of small-world network [J]. Nature,1998,393：440-442.

[4]　NEWMAN M E J,WATTS D J. Renormalization group analysis of the small-world network model-ScienceDirect [J]. Physics Letters A,1999, 263(4-6)：341-346.

[5]　BARABASI A L,ALBERT R. Emergence of scaling in random networks [J]. Science,1999,286：509-512.

[6]　COHEN R,HAVLIN S. Scale-free networks are ultrasmall[J]. Physical Review Letters,2003,90(5)：058701.

[7]　FORNCZAK A,FRONCZAK P,HOLYST J A. Mean-field theory for

clustering coefficients in Barabasi-Albert networks[J]. Physical Review E, 2003,68(4): 046126.

[8] BIANCNI G, BARABASI A L. Bose-Einstein condensation in complex networks[J]. Physics Letters A,2001,86(24): 5632-5635.

[9] LATORA V, MARCHIOFI M. Efficient behavior of small-world networks [J]. Physical Review Letters,2001,87(19): 198701.

[10] ERDOS P, RENYI A. On random graphs[J]. Publications Mathematics, 1959,6: 290-297.

[11] ALBERT R, JEONG H, BARABASI A L. Error and attack tolerance of complex networks[J]. Nature,2000,406(27): 378-382.

第**3**章

复杂网络上传播模型与动力学行为

近年来,随着网络科学的蓬勃发展,人们开始关注网络结构对传播行为的影响。网络上的传播行为在许多实际网络中都广泛存在,包括人类社会中的疾病传播,通信网络中的计算机病毒传播,社交网络中的信息传播,电力网络中的相继故障,以及经济网络中的危机扩散等。社交网络具有信息和行为协同传播的特点,由于网络信息传播与病毒扩散具有相似之处,因此,本章先介绍较为经典的传染病模型,然后介绍区别于传染病在人群中的传播,网络信息在人群中传播的行为特点。

3.1 基本传染病模型

当谈到流行性疾病时,人们会想到由生物病原体引起的传染性疾病,如流感、麻疹等都是通过人际传播的[1]。一些流行性疾病前期没有明显症状,潜伏期不定,很可能在人群中暴发,如新冠在全国甚至全世界范围内的传播。因此深入地探究、分析、挖掘传染病的传播规律具有非常重要的意义。

经典疾病传染病模型把个体分为三种状态:易染状态S(susceptible),指个体在感染之前处于易染状态,即节点个体有可能被邻居个体感染;感染状态I(infected),指个体感染上某种病毒,并且会以一定的概率感染其邻居个体;移除状态R(removed或recovery),也称为免疫状态或恢复状态,指个体已经痊愈,并且不会再被感染也不会感染其邻居个体。经典传染病模型的一个基本假设是完全混合(fully mixed),即一个个体在单位时间里与网络中任意其他个体接触的机会都是均等的。本节介绍三种经典的传染病模型:SI(susceptible-infected)模型、SIS(susceptible-infected-susceptible)模型和

SIR(susceptible-infected-removed)模型。

3.1.1　SI 模型

目前研究最多且最简单的就是 SI 模型，SI 模型中个体只有两种状态：易染状态 S 和感染状态 I。假设个体接触感染率为 β，即在传染病暴发初期，感染节点会以概率 β 去感染其他易染节点，同时一个易染节点被感染之后就永远处于感染状态。图 3-1 所示为 SI 模型中处于两种不同状态的节点相互之间的转换关系。

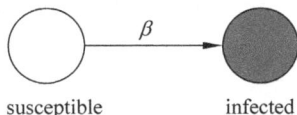

susceptible　　　　　infected

图 3-1　SI 模型中节点状态转换

SI 模型对应的微分方程可以表示为

$$\begin{cases} \dfrac{dS(t)}{dt} = -\beta I(t)S(t) \\[2mm] \dfrac{dI(t)}{dt} = \beta I(t)S(t) \end{cases} \tag{3-1}$$

式中，$S(t)$ 和 $I(t)$ 分别表示网络中健康节点和感染节点所占比例；β 表示感染率，即健康节点被感染的概率。由于在 SI 模型中，节点只有这两种状态，所以 $S(t)+I(t)\equiv1$。

在 SI 模型中，随着时间推移，最终所有个体都会被感染，故 SI 模型适用于描述那些受到感染后不可能治愈的疾病，或突然暴发尚没有有效措施对其控制的传染病。然而在现实世界中，感染个体一般不可能永远处于感染状态并永远传染别人。接下来介绍两种更为常见的模型。

3.1.2　SIR 模型

在现实中，病毒一般不可能一直存在于个体中。随着时间的推移，有些感染个体可能会被治愈或死亡，这类个体就具有了免疫能力，从而自动转变为不参与传播也不传染的 R 态。SIR 模型中增加了 R 状态，感染节点会以概率 β 去感染其他易染节点，感染态节点被治愈后也会以定常速率 γ 变为 R 态，即个体恢复为具有免疫性的个体或者死亡。图 3-2 所示为 SIR 模型中节点状态转换过程。

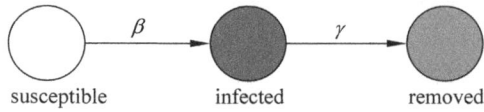

susceptible $\xrightarrow{\beta}$ infected $\xrightarrow{\gamma}$ removed

图 3-2 SIR 模型中节点状态转换

SIR 模型对应的微分方程可以表示为

$$
\begin{cases}
\dfrac{\mathrm{d}S(t)}{\mathrm{d}t} = -\beta I(t)S(t) \\[2mm]
\dfrac{\mathrm{d}I(t)}{\mathrm{d}t} = \beta I(t)S(t) - \gamma I(t) \\[2mm]
\dfrac{\mathrm{d}R(t)}{\mathrm{d}t} = \gamma I(t)
\end{cases}
\tag{3-2}
$$

式中,$S(t)$、$I(t)$、β 与 SI 模型和 SIS 模型中的定义是一致的;$R(t)$表示免疫节点在 t 时刻所占的比例;γ 表示由感染态变为免疫态的概率。在 SIR 模型中,节点有 S、I 和 R 这三种不同的状态,因此 $S(t) + I(t) + R(t) \equiv 1$。

记 $\lambda = \beta/\gamma$,$\lambda = 1$ 是 SIR 模型的传播临界值:如果 $\lambda < 1$,那么 $\gamma = 0$,意味着病毒无法传播;如果 $\lambda > 1$,那么 $\gamma > 0$,并且随着 λ 值的增大,γ 值也增大,意味着病毒在网络中扩散的范围增大。参数 λ 的一个直观解释是一个感染个体在恢复之前平均能感染的其他易感染个体的数目,因此也常常称为基本再生数(basic reproduction number),文献中常用 R_0 表示。

3.1.3 SIS 模型

实际生活中还存在一种常见现象。某些个体被感染疾病后,通过药物或其他方式治愈变成健康个体,具有了暂时的免疫能力,但不具有永久性免疫,即恢复健康的 S 态个体还会被再次感染。SIS 模型就是刻画这种类型疾病传播的模型。它与 SIR 模型的区别在于 I 态个体恢复后的状态。在 SIS 模型中,每个 I 态个体会以定常速率 α 重新恢复为健康 S 态。初始时刻,在网络中随机选取一些节点作为初始感染源,被选取的节点会以概率 β 去感染其邻居,被感染的节点会以概率 α 恢复为健康态。随着时间的推移,当网络中感染态的节点占一定的比例时,网络中节点的状态就基本保持不变,达到一个均衡阶段。图 3-3 所示是 SIS 模型中节点状态转换过程。

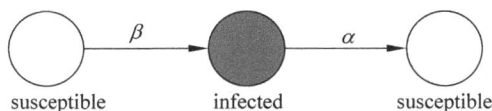

图 3-3　SIS 模型中节点状态转换

SIS 模型对应的微分方程可以表示为

$$\begin{cases} \dfrac{\mathrm{d}S(t)}{\mathrm{d}t} = -\beta I(t)S(t) + \alpha I(t) \\ \dfrac{\mathrm{d}I(t)}{\mathrm{d}t} = \beta I(t)S(t) - \alpha I(t) \end{cases} \tag{3-3}$$

式中，$S(t)$、$I(t)$ 和 β 的定义与 SI 模型相同；α 代表恢复率即被感染节点重新恢复为健康态的概率。由于 SIS 模型中也只有 S 状态和 I 状态这两种状态，因此同样有 $S(t) + I(t) \equiv 1$。

　　模型中 α 和 β 比值的大小通常能够决定传染病传染的规模。假设 $\lambda = \alpha/\beta$，那么当 $\lambda > 1$ 时，感染率大于恢复率，感染个体数目会越来越多，疾病传染的规模将不断扩大；当 $\lambda < 1$ 时，恢复率大于感染率，说明恢复的病人会越来越多，疾病传染的规模也会越来越小。因此 $\lambda = 1$ 是 SIS 模型的传播临界值，也是 SIS 模型的基本再生数[2]。

　　SIS 模型可用来描述健康个体被感染后，又能恢复到健康状态的疾病，如流感等。经典的 SIR 模型和 SIS 模型基于的完全混合假设意味着感染节点把病毒传染给任意一个易感染节点的机会都是均等的。但是在现实世界中，一个个体通常只能和网络中很少一些节点是直接邻居。也就是说，一个感染个体通常只可能把病毒直接传染给那些与之直接接触的部分节点。因此，研究网络结构对于传播行为的影响自然就成为了一个重要的课题。

3.2　复杂网络上信息与行为传播模型

　　现实生活中广泛存在各种传播现象，除了疾病、信息、舆论等传播主体可以在网络上传播以外，人的观念、行为、甚至情绪等都可以在复杂网络上传播。网络中信息传播过程十分复杂，但却可以通过信息传播模型对信息在复杂网络中的传播过程进行刻画。信息传播模型主要对影响最大化问题中的影响力传播过程进行建模，使其更贴近于真实网络中影响力的传播机制。独立级联模型（independent cascade model，IC 模型）和线性阈值模型（linear threshold model，LT 模型）是两种经典的影响力传播模型。

3.2.1 独立级联模型

独立级联模型最早是在研究市场营销时由 Jacob Goldenberg 提出的一个概率模型[3]。在独立级联模型中，节点被分为活跃和不活跃两种状态，且每一条边 (v, u) 上的影响概率为一指定常量。IC 模型的基本假设是，节点 u 试图激活其邻居节点 v 的行为能否成功是一个概率为 $P_{u,v}$ 的事件，且一个处于不活跃状态的节点被刚进入活跃状态的邻居节点激活的概率独立于之前曾尝试过激活该节点的邻居的活动。IC 模型还假设网络中的任意节点 u 只有一次机会尝试激活其邻居节点 v，无论是否成功，在以后的时刻中，u 本身虽然仍保持活跃状态，但已经不再具备影响力，这一类节点称为无影响力的活跃节点。

独立级联模型的算法如下：

（1）给定初始的活跃节点集合为 A。

（2）在 t 时刻，新近被激活的节点 u 对它的邻居节点 v 产生影响，成功的概率为 $P_{u,v}$。若 v 有多个邻居节点都是新近被激活的节点，那么这些节点将以任意顺序尝试激活节点 v。

（3）如果节点 v 被激活成功，那么在 $t+1$ 时刻，节点 v 转为活跃状态，将对其邻居不活跃节点产生影响；否则，节点 v 在 $t+1$ 时刻状态不发生变化。

（4）该过程不断进行重复，直到网络中不存在有影响力的活跃节点时，传播过程结束。

由于是概率模型，IC 模型中节点的激活过程是不确定的。对于同一个网络，同样的种子节点进行激活得到的结果可能会有较大差异。

独立级联模型抽象概括了社交网络中人与人之间独立交互影响的行为，它通过边上的概率来描述人与人之间发生影响的可能性和强度。很多简单实体，如在线网络上新消息的传播，或人际之间新病毒的传播等，都很符合独立传播的特性。独立级联模型在基于实际数据的影响力学习中也被初步验证是有效的，是目前研究比较广泛和深入的模型。

3.2.2 线性阈值模型

线性阈值模型是一种价值积累模型，体现了影响力的累积过程[4]。与独立级联模型一样，LT 模型中的节点也被分为活跃和不活

跃两种状态,每个节点都随机地选取[0,1]区间中的值作为阈值,用来
表示不活跃节点被其他节点激活的难易程度。线性阈值模型适合于
描述个体的行为受多个个体的影响,独立级联模型适合于描述个体的
行为只受一个个体的影响。

线性阈值模型定义如下:

(1) 每个节点用户 v_i 都有一个激活阈值 θ_i,该阈值表示节点用户
受影响的难易程度。在 t_i 时刻其所有邻居节点用户 v_j 对其综合影响
为 $\varphi_i(t_i)$;

(2) 若 $\varphi_i(t_i) \geqslant \theta_i$,则 v_i 被激活(决定转发信息),t_{i+1} 时刻 v_i 变
为激活状态。

在 LT 模型中,当网络中已存在的所有活跃节点中任意活跃节点
的影响力之和都不能激活它们的处于不活跃状态的邻居节点时,传播
过程结束。LT 模型节点的激活过程是确定的,当对同一个图用同样
的种子节点来激活时,最后的传播范围也是完全一样的。

3.2.3 复杂网络上的信息传播

信息传播过程演化建模的目的在于把影响信息传播的关键因素
及相互作用关系用形式化模型(如概率模型、平均场理论、元胞自动机
模型等)刻画出来,通过模型分析、仿真模拟和实际场景数据集验证,
有效揭示和深入理解信息传播机理,预测信息传播过程的演化发展
趋势。

数学家香农曾在其著名论文《通信的数学理论》中指出,信息是用
来消除随机不定性的东西的。即当对信息了解不全面时,会影响个体
做出的决策判断,而当个体能时时刻刻把握信息时,会给工作和学习
等带来事半功倍的效果。随着网络技术的发展,网络上的信息传递速
度越来越快,而人们接受信息的程度却没有改变。人类是独立存在的
个体,具有自主的思想及各不相同的接受程度。即虽然接收到的信息
相同,但是不同的人会产生不同的行为。行为通常是伴随信息而产生
的,即信息与行为是相互作用、相互影响的。

虽然信息传播与疾病传播的传播机制不一样,但是经典 SIR 模型
同样适用于舆情传播,只是三种状态表示的个体状态与疾病传播有区
别。在舆情传播中,S 态代表网络中的个体不知道舆情,I 态表示个体
知道舆情并传播舆情,R 态代表个体已经知道舆情信息,但不再传播
舆情。由于对疾病传播的研究比较彻底,因此,用疾病传播模型来考

虑或延伸到信息传播具有重要的现实作用。虽然信息(包括谣言、舆情、行为等)传播与疾病传播有相似的传播机制,但是两者在本质上还存在着不同之处。对疾病传播和信息传播特性的分析如下。

(1)疾病传播不具有记忆性,而信息传播有记忆性。在疾病传播中,这次没有接触到感染体与下次有没有接触到感染体的结果是互不相关的,而在信息传播中,这次信息传播可能没有改变当前节点的状态,但是会影响到下一次传播的结果。

(2)疾病传播没有社会加强效果,而信息传播具有社会加强效果。一条信息如果只听到一次可能有所怀疑、没有接受信息,但是听多了就可能会相信,进而把信息传播出去。

(3)在疾病传播中,传播链路可以多次使用;但在信息传播中,传播链路常常只使用一次。体现在现实世界中即人们可能会多次接触到疾病,但是一般不会多次告诉同一个人相同的消息。

(4)信息的时效性随着时间衰减迅速,因为人们的兴趣会随着时间衰减。信息的时效性是信息价值的重要部分,人们不会对一个过时的信息予以过多的关注。而疾病可以存在上千年,不会因为时间的推移不在人群中产生、传播。

(5)不同类型的边的传播能力和方式在信息传播中是不同的,而在疾病传播中没有太大区别。疾病传播中个体的连边值会造成传播概率的差异,而信息传播一般基于关系网络,人与人之间的联系强度是不一样的。

(6)疾病传播的效果不受疾病本身的影响,而信息传播的传播效果却受到信息内容的影响。人们更倾向于接受和传播那些自己感兴趣的内容;而疾病不管个体的喜恶,都有可能会受到感染或者传播出去。

(7)信息传播中每个节点的影响力是不同的,人们更容易关注那些由名人或者权威专家等发出的信息。而在疾病传播中,经常与这些人接触不会增加被感染的概率。

由此可见,在信息传播中,人们的主观能动性起到很重要的作用,即人们对同一信息的接受程度、感兴趣程度等都可能不一样,这样产生的影响及对信息做出的判断、行为都将会具有浓烈的个人色彩。而在疾病传播中,人们是完全被动的,无论个体喜不喜欢、想不想要都阻止不了个体感染上疾病。但是随着信息技术的不断进步,人们对信息传播的理解也更深入,SIR 传播模型已不再适用于信息传播了。对此,吕琳媛等建立的信息传播模型综合考虑了以上列举的一些特点,如社会加强效应、信息的记忆性等[5],这些都为进一步了解和研究信息传播科学提供了建议与指导。

3.2.4　复杂网络上的行为传播

行为传播是个体根据接触的信息产生相应或相异行为及行为对周围个体影响的过程,需要通过社会接触才能在社会网络上传播。对于行为在网络中的传播模式存在两种对立的观点[6]。一种观点认为,行为在具有高聚集特性且节点间度值差异较大的网络中传播时传播效率较低,但是当把网络中的冗余连接重新调整,即把相距较远的节点连接起来时,行为的传播效率就会得到明显的提高。这种观点将行为传播看作一种简单的疾病传播过程,与感染个体一次简单接触就可以传播该行为,而距离较远节点之间相连接减少了传播过程的冗余,可以使行为快速地从一个节点传播到另一节点。

另一种相矛盾的观点认为,行为传播与疾病传播不同。行为传播是一个复杂的蔓延过程,在人们确定是否要采取一个行为之前,往往需要多次接触"传染源",即社会强化作用。社会强化作用是指个体对接收的信息具有记忆性,接收信息的次数对驱动个体产生相应行为具有累加作用,个体接收信息次数越多,产生相应行为的概率越大。由于聚集网络中存在较多的冗余连接,人们通过冗余的连接会多次接触到信息驱动的行为,进而促进行为在人群中大规模地扩散开来。因此,这种观点认为行为在具有高聚集特性的网络结构中传播效率较高。无论是从哪种观点来研究行为传播,理解行为在网络中的扩散过程都是十分重要的。

2010 年,Centola 在 *Science* 上发表了关于行为传播的研究成果[6],引起了人们对信息传播过程中行为作用的关注。对在线社会网络上的健康行为传播实验研究发现,网络拓扑结构对行为传播的过程有显著影响,具有大规模集群和较大直径的网络结构更有利于行为的传播。由于行为传播具有社会强化效应,个体采取行为的可能性是否提高受其所在社交群的多重激励影响,行为在拥有更多冗余连接的集群网络上比小世界网络上传播更快更广。在考虑社会强化效应的基础上,吕琳媛等建立了一个行为传播模型,验证了 Centola 在 *Science* 上发表的关于行为传播实验的相关结果[7]。阚佳倩等也研究了社会强化效应、边权重和网络结构特性对信息传播的影响[8]。虽然这些研究都关注了行为在传播过程中的作用,但是均未考虑信息和行为的相互作用。在实际的社会网络中,信息与行为是相互作用和影响的。一方面,用户个体的行为会受到传播信息的影响;另一方面,个体行为的示范作用也会影响他人在信息传播的过程中产生跟随行为[9]。因此,在线社会网络的信息传播研究需要考虑信息与行为的相互影响。

3.3 复杂网络上的动力学行为

复杂网络上的动力学行为主要有网络的同步化和网络上的疾病传播两种。研究复杂网络上动力学行为的目标之一就是理解复杂网络的拓扑结构对其动力学行为的影响。网络的拓扑结构在决定网络动态特性方面起着重要的作用。例如,网络结构对耦合振子的同步化影响,网络结构对疾病传播的影响等。复杂网络小世界特性和无标度特性的发现,使人们开始关注网络的拓扑结构与网络的同步化行为之间的关系[10-11]。

3.3.1 网络的同步化

同步是复杂网络的集体行为,是耦合振子之间的同步运动。人们很早就注意到了生活中的耦合振子同步化现象,如 1665 年荷兰物理学家惠更斯发现两个钟的钟摆同步摆动的现象,1680 年荷兰人Kempfer 在泰国旅行时发现大量萤火虫同时发光又同时熄灭的同步现象等。大量的同步现象引起了人们的极大关注,而复杂网络作为一个巨大且复杂的相互作用系统,对于研究大量相互作用的物理振子的同步化行为有重要作用。

事实上,同步在很多领域具有广泛的应用,如卫星导航系统(北斗卫星导航系统、全球定位系统 GPS 等)、电力网络系统设计、网络通信安全、智能控制等。同步现象可能是有益的,如卫星导航系统、激光发射器、心脏起搏器中脉冲耦合振子的同步等;也可能是有害的,如网络上路由器周期性发布的路由信息出现的同步引发拥堵的情况。因此,对于有益的同步,需要研究同步如何发生,满足什么条件或需要设计什么机制才能促使同步发生。对于有害的同步,同样需要研究同步发生的条件或机制,并进一步研究如何消除同步并预防有害同步的发生。

1998 年,Pecora 和 Carroll 研究了线性耦合网络同步的稳定性问题,给出了主稳定函数判据及动力学网络的同步流形的线性稳定性[12]。2002 年,Barahona 和 Pecora 深入研究了对称耦合的情况,通过动力学分析研究了小世界网络的同步化情形[13]。汪小帆和陈关荣研究了耦合振子是连续系统的复杂网络同步稳定性问题,分析了无标度网络的同步现象[2]。更多关于网络同步的研究有小世界网络的同步化[10,13-15]、无标度网络的同步化[11,16-17],以及社区集团网络的同步化[18-20],这些领域都已经有了许多研究成果。

随着研究人员对网络结构与网络同步能力之间关系理解的深入,学者们提出了很多提高网络同步能力的方法,甚至利用各种方法尝试在一定条件下确定同步能力最强的"同步最优化网络"。这里的提高网络同步能力包含两方面含义:一是使原本在某一网络上不能同步的动力学系统能够同步起来,或者使同步变得容易;二是在保证同步的基础上提高动力学系统的同步稳定性[21-22]。关于网络的同步化研究已经获得了丰硕的成果,可以预见在这一领域还会有大量的研究成果出现。

3.3.2　网络上的疾病传播

在人类的社会发展进程里,疾病的传播都会对人类的社会生活产生极为重大的影响,疾病在人类社会中的传播极大地危害着人类的生存和生活。随着人类生活的日益网络化,人类的交往活动日益频繁,疾病的传播速度变得越来越快。现代生活中经常使用的计算机同样受到计算机病毒的危害,计算机病毒借助便利的网络可以瞬间侵入到世界各地,对人们的生产和生活产生极大的危害。这样看来,人们生活和工作的网络化很容易使疾病扩散和暴发。

因此,关于网络上疾病传播的研究对我们在实际生活中控制和预防疾病显得极其重要。将生物种群中的生物个体和计算机网络中的计算机都看成节点,将个体之间的相互作用看成节点之间的连边,就可以利用复杂网络理论对其进行研究。复杂网络疾病传播的研究可以使人们认识生物种群疾病和计算机网络病毒的传播机制。一直以来人们都认为,只有当疾病的传播速度超过某一个临界值时,疾病才会大规模地暴发。但是对无标度网络中病毒传播的研究发现,在无限大规模的无标度网络中,病毒传播的临界值趋向于零[23]。这是一个很恐怖的结论,这意味着即使是一个非常小的传播速度也会使疾病大规模地暴发,其危害将变得不敢想象。小世界、无标度、高聚类特性和弱连接优势的发现使人们对疾病传播的认识有了重大突破[23-27]。复杂网络理论可以帮助我们解读各类措施的科学性,为控制疫情提供指导性的建议。研究复杂网络上的疾病传播对于人们认识网络疾病的传播机制有着重要意义,同时也为人们控制和预防疾病的传播提供了极大的帮助。

3.3.3　网络同步能力与网络结构特性关系

实际网络和很多网络模型,如 ER 随机图、WS 小世界网络模型、NW 小世界网络模型、BA 无标度网络模型等,都是不具有完全规则拓扑的网络,无法像规则网络一样事先基于网络生成规则写出对应的耦合矩阵。不过理论上存在一些对网络模型对应的耦合矩阵特征值的估计,也可直接根据实际的网络数据或者生成的网络模型计算相应的耦合矩阵的特征值。

与具体研究某个网络模型的同步化能力相比,人们更关心的是网络结构与同步化能力之间的关系。但是,近些年围绕这一关系的研究出现了不少似是而非甚至相互矛盾的结果,因为在研究网络的某个拓扑性质的变化对网络同步化能力的影响时,通常无法固定其他拓扑性质都不变,这使得我们难以判断同步化能力的改变是否确实是由于某个拓扑性质的变化而引起的。

复杂网络有许多基本参数,如特征根及其比例、平均路径长度、节点度及其分布等,它们对各种网络的同步化能力都有不同程度的影响。本节主要讨论重连概率 p 对小世界网络同步化性能的影响。对于小世界网络,当重连概率 p 不断变化时,对应地会产生很多具有不同特性的小世界网络模型。随着重连概率 p 的增加(长程边的增加),小世界网络的特征根比例会随之减少;小世界网络另一个显著特点是当重连概率 p 很小时,网络的平均路径长度会大幅下降,当 $0.5 < p < 1$ 时,平均路径长度的变化不是很显著。虽然相对于具有幂律分布的无标度网络来说,小世界网络是均匀的,但是其网络中各节点所连接的边数并不是完全相等的。因此,可利用方差指标 σ_k^2 来表示节点度的分布,σ_k^2 值越大说明网络中节点度分布范围越大,且有度较大的节点出现,网络的度分布变得越不均匀。

在小世界网络中,随着重连概率 p 的增加(长程边的增加),网络的特征根比例会随之减少,网络同步化能力增强;与此同时,网络平均路径长度下降,网络的非均匀程度增加。如图 3-4(a)所示,随着 p

的增加,网络的特征根比例 R 随之减少。如图 3-4(b)所示,随着 p 的增加,网络的平均路径长度 l 会减少,节点度的方差指标 σ_k^2 变大,网络变得更加非均匀。

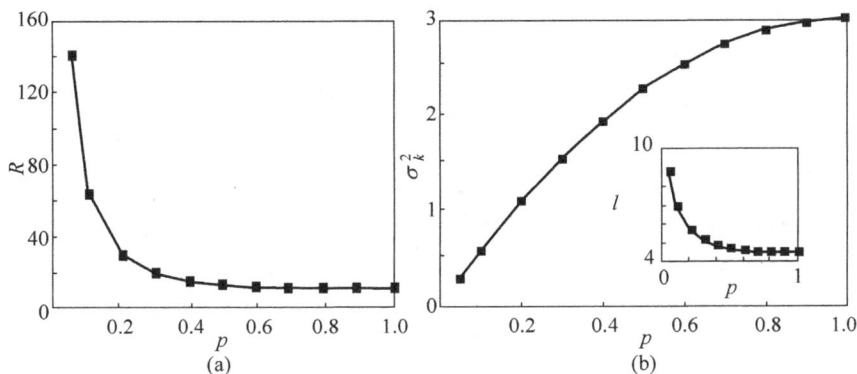

图 3-4 WS 小世界网络中重连概率 p 对网络同步化性能的影响

(a) 特征根比例 R 随重连概率 p 的变化曲线;(b) l 和 σ_k^2 随重连概率 p 的变化曲线

网络同步能力与网络结构密不可分。根据网络结构的不同,网络的同步区域也有差异,即使不同的网络满足同样的度分布特征,网络的聚类结构等特征也会对同步产生重要影响。因此,要了解网络结构的演化机理,在此基础上才能更准确地分析网络的同步能力。同样,网络结构也与网络控制密不可分。一个更深入的问题是如何选择驱动节点提高控制能力。单纯从控制论的角度研究没有意义,必须与网络结构分析结合。另外,网络同步和同步控制都是网络的动力学行为,二者也有许多相似之处,同步实际上是控制问题中驱动节点数量为零的特殊情况,同步的过程有助于理解控制中的有效信息流向;反之,控制也能够更好地干预和调整同步行为。

3.3.4 网络上的级联失效

现实世界中的许多复杂系统都可以抽象成复杂网络,如交通网络、电力网络、社交网络、通信网络和生物网络等。这些网络中一个或少数几个节点或连接的失效会通过节点之间的耦合关系引发其他节点的失效,进而产生级联效应,最终导致相当一部分节点甚至整个网络的崩溃,这种现象称为级联失效,有时也被形象地称为"雪崩"。

在复杂系统的鲁棒性研究中,人们常常借助复杂网络级联失效模型对复杂系统的崩溃过程进行建模和研究,节点的失效不仅会对网络整体的连通性造成影响,也可能会因为节点之间的依赖关系导致失效在网络中蔓延。早期的复杂网络鲁棒性研究有的针对网络节点之间的连接关系来探讨网络在失去部分连接或节点之后的连通性问题,有的关注节点间的耦合或依赖关系所引起的失效节点的级联效应或雪崩[28]。人们借助渗流模型发现,随机网络发生渗流相变的临界点与网络平均度成反比[29];无标度网络具有鲁棒且脆弱的特性[30],即对随机故障具有高度的鲁棒性,这种高度鲁棒性来自网络度分布的极端非均匀性,然而,这种非均匀性也使无标度网络对蓄意攻击具有高度的脆弱性,只要有意识地去除网络中极少量度最大的节点,就会对整个网络的连通性产生大的影响。在小世界网络中,捷径(长程连接)的存在使网络的鲁棒性变得强大[31],但同时也容易在蓄意攻击下遭到破坏,产生大的影响[32]。

对于复杂网络级联失效的研究,重点是如何对节点之间的耦合和依赖关系进行建模,以得到能较好刻画实际网络级联失效过程的模型。考虑到真实复杂系统的特征,现有研究主要考虑了动态负载分配、局部依赖和引入依赖组等策略。在网络中部分节点失效后,网络节点之间最短路径的分布发生较大的变化,网络中信息或能量的流动路径就会重新分配,从而引起部分节点的运行效率下降,甚至过载失效。过载是一种较常见的级联失效故障机理,主要发生在电力网络、交通网络等有流量运输任务的网络中。在这些网络中,如果网络某个节点上的流量超过其阈值,将导致此节点上流量的重新分配,加剧其他节点的负载压力,并可能引发这些节点过载失效,最终形成故障传播。为了探讨级联失效的产生条件并为级联失效的防御和控制提供思路和策略,节点失效后负载的分配方案对网络级联失效动力学的影响受到了广泛关注。

在考虑局部依赖关系的模型研究方面,Watts模型研究了邻居中相反状态节点比例对节点状态的影响,发现了复杂网络发生级联失效的临界判据[33]。此外,考虑到网络高度值互联部分节点所组成结构的重要性,Dorogovtsev等提出了k核渗流模型,该模型将剪枝过程中得到的最小度为k的节点所形成的连通子图当作k核[34]。在基于动态负载分配和局部依赖关系建立的模型中,节点都是通过相互邻接关系进行状态传递的,但现实网络中不相邻的节点也可能存在隐含的相互影响。Parshani等考虑到不相邻节点之间可能存在的依赖性,提出了依赖组的概念来描述复杂网络中节点的隐含依赖性,这种依赖组的存在使网络能够发生级联失效并导致网络更加脆弱[35]。在关于依赖组的研究中,大多数模型都基于节点对节点的强依赖的假设,即一个节点的失效可以直接导致其依赖节点全部失效。这种强依赖假设会导致网络在遭受攻击时极为脆弱,与现实中某些观测现象不符[36]。在现实网络中,一个节点的失效可能对其依赖节点的一部分功能造成影响,而不是使其完全失效[37]。因此,潘倩倩等引入了弱依赖组的概念,通过一个可调参数来控制同一依赖组内节点的相互依赖强度,并研究了依赖组的大小、分布和网络度分布对网络级联失效的影响[28]。

　　网络系统的鲁棒性研究是网络安全的核心课题之一,级联故障是现实生活中的常见现象。级联失效的原因是网络中的故障节点通过渗流作用将失效传递到周围节点,从而造成大规模破坏。研究级联失效能更好地理解网络失效,进而能更好地控制网络中的级联失效。

参考文献

[1] 许国志,等. 系统科学[M]. 上海:上海科技教育出版社,2000.

[2] 汪小帆,李翔,陈关荣. 网络科学导论[M]. 北京:高等教育出版社,2012.

[3] GOLDENBERG J,MULLER L E. Talk of the network:A complex systems look at the underlying process of word-of-mouth[J]. Marketing Letters, 2001,12(3):211-223.

[4] GRANOVETTER M. Threshold models of collective behavior[J]. American Journal of Sociology,1978,83(6):1420-1443.

[5] LV L Y,CHEN D B,ZHOU T. The small world yields the most effective information spreading[J]. New Journal of Physics,2011,13(12):123005.

[6] CENTOAL D. The Spread of behavior in an online social network experiment[J]. Science,2010,329(5996):1194-1197.

[7] ZHENG M H,LV L Y,ZHAO M. Spreading in online social networks:The role of social reinforcement[J]. Physical Review E,2013,88(1):1-7.

[8] 阚佳倩,谢家荣,张海峰. 社会强化效应及连边权重对网络信息传播的影响分析[J]. 电子科技大学学报,2014,43(1):21-25.

[9] 陈玟宇,贾贞,祝光湖. 社交网络上基于信息驱动的行为传播研究[J]. 电子科技大学学报,2015,44(2):172-178.

[10] WANG X F, CHEN G R. Synchronization in small-world dynamical networks[J]. International Journal of Bifurcation and Chaos,2002,12(1):187-192.

[11] WANG X F, CHEN G R. Synchronization in scale-free dynamical networks:Robustness and fragility[J]. IEEE Trans. Circuits and Systems-Ⅰ, 2002,49(1):54-61.

[12] PECORA L M, CARROLL T L. Master stability functions for synchronized coupled system[J]. Physical Review Letters,1998,80(10): 2109-2112.

[13] BARAHONA M,PECORA L M. Synchronization in small-world systems [J]. Physical Review Letters,2002,89(5): 054101(4).

[14] HONG H,CHOI M Y,KIM B J. Synchronization on small-world networks [J]. Physical Review E,2002,65: 026139.

[15] WU Y,SHANG Y,CHEN M, et al. Synchronization in small-world networks[J]. Chaos,2008,18: 037111.

[16] GARDENES J G,MORENO Y,ARENAS A. Paths to synchronization on complex networks[J]. Physical Review Letters,2007,98: 034101.

[17] HUNG Y C,HUANG Y T,HU C K. Synchronization in complex networks with nonidentical nodes[J]. Physical Review Letters,2008,77(1): 016002.

[18] OH E,RHO K,HONG H,et al. Synchronization in complex networks with community structure[J]. Physical Review Letters,2005,72(4): 047101.

[19] HUANG L, LAI Y C, GATENBY R A. Synchronization transitions in complex networks with degree correlation[J]. Physical Review Letters, 2008,77(1): 016003.

[20] GUAN S,WANG X,LAI Y C,et al. Synchronization in complex networks with nonlinear coupling functions [J]. Physical Review Letters, 2008, 77(4): 046211.

[21] 赵明,汪秉宏,蒋品群,等.复杂网络上动力系统同步的研究进展[J].物理学进展,2005,25(3): 273-295.

[22] 赵明,周涛,陈关荣,等.复杂网络上动力系统同步的研究进展——如何提高网络的同步能力[J].物理学进展,2008,28(1): 22-34.

[23] PASTOR-SATORRAS R, VESPIGNANI A. Epidemic spreading in scale free networks[J]. Physical Review Letters,2001,86(14): 3200-3203.

[24] KITSAK M,GALLOS LK,HAVLIN S,et al. Identification of influential spreaders in complex networks[J]. Nature Physics,2010,6: 888-893.

[25] LV LY,CHEN D, REN X, et al. Vital nodes identification in complex networks[J]. Physics Report,2016,650: 1-63.

[26] ZHANG Z K,LIU C,ZHAN XX,et al. Dynamics of information diffusion and its applications on complex networks[J]. Physics Report,2016,651: 1-34.

[27] WEI X,WU X,CHEN S,et al. Cooperative epidemic spreading on a two-layered interconnected network [J]. SIAM Journal Applied Dynamical Systems,2018,17(2): 1503-1520.

[28] 潘倩倩,刘润然,贾春晓.具有弱依赖组的复杂网络上的级联失效[J].物理学报,2022,71(11): 110505.

[29] CALLAWAY D S,NEWMAN M E,STROGATZ S H,et al. Network robustness and fragility: Percolation on random graphs [J]. Physical

Review Letters,2000,85：5468-5471.

[30] ALBERT R,JEONG H,BARABÁ SI A L. Error and attack tolerance of complex networks[J]. Nature,2000,406(6794)：378-382.

[31] WATTS D J, STROGATZ S H. Collective dynamics of small-world network[J]. Nature,1998,393：440-442.

[32] ALBERT R,BARABASI A L. Statistical mechanics of complex networks [J]. Rev. Mod. Phys. ,2002,74：47-97.

[33] WATTS D J. A simple model of global cascades on random networks[J]. Proceedings of the National Academy of Sciences of the United States of America,2002,99(9)：5766-5771.

[34] DOROGOVTSEV S N,GOLTSEV A V,MENDES J F F. K-core organization of complex networks[J]. Physical review letters,2006,96(4)：040601.

[35] PARSHANI R,BULDYREV S V, HAVLIN S. Critical effect of dependency groups on the function of networks[J]. Proceedings of the National Academy of Sciences,2011,108(3)：1007-1010.

[36] WANG H,LI M,DENG L,et al. Percolation on networks with conditional dependence group[J]. Plos One,2015,10(5)：e0126674.

[37] CHEN M,SONG M, ZHANG M, et al. Cascading failure in multilayer network with asymmetric dependence group[J]. International Journal of Modern Physics C,2019,30(9)：1950043.

[38] LI M,LIU R R,LV L,et al. Percolation on complex networks：Theory and application[J]. Physics Reports,2021,907：1-68.

第4章

社会网络基础理论和级联行为

　　网络是现今社会所扮演的重要角色之一,能够将系统的局部与全局行为联系起来。本章一方面讨论刻画社会网络的典型结构、影响网络中边的形成的典型过程,另一方面研究社会网络的连接行为,包括群体的聚合行为和个体的决策行为。特别是利用清晰的网络结构分析个体决策行为,可以揭示人们行为选择具有的相似性倾向。

4.1　社会网络的三元闭包

　　三元闭包(triadic closure)是社会网络理论中的概念,最早由德国社会学家格奥尔格·齐美尔(Georg Simmel)在其 1908 年的著作《社会学:社会形式的调查》(*Sociology:Investigations on the Forms of Sociation*)中提出。三元闭包是三个节点之间的属性,无法在非常大的复杂网络中实现,但是它是对现实的有用简化,可以用来理解和预测网络。

4.1.1　三元闭包原理

　　美国社会学家马克·格兰诺维特(Mark Granovetter)在其 1973年的文章《弱连接的力量》("The Strength of Weak Ties")中提出了弱连接理论,该理论认为:弱联系比强联系更能穿越不同的社会群体,因此能触及更多的人,穿过更大的社会距离。Granovetter 发现,多数人是通过私人关系介绍找到现在工作的,值得注意的是,这里的私人关系往往只是熟人(acquaintances),而非亲密朋友(close friends)。Granovetter 从网络整体结构(网络结构,跨度/捷径)和局部关系(关系强度,弱联系)两个角度出发来解决问题,给出了思考网络结构的新方法。

　　在社交网络的研究中,思考网络如何随时间的推移而演变具有积极的意义,其中特别重要的,是导致节点的到达和离开及边的形成和消失的机制。关于该问题的确切答案需要具体问题具体分析,其中最为基本的原则是:在一个社交圈内,若两个人有一个共同的朋友,则这两个人在未来成为朋友的可能性就会提高[1]。这个原则被称为三元闭包。

三元闭包原理也被描述为由 A、B、C 三个节点(node)所组成的三元组的一种性质。如图 4-1 所示,如果节点 B 和节点 C 有一个共同的朋友节点 A,则节点 B 和节点 C 之间一条边的形成就使得三个节点彼此相连。三元闭包是一种非常直观和自然关系的描述,几乎所有人都能从自己的生活经历中找到相关的例子。当 B 和 C 有一个共同的朋友 A 时,他们成为朋友的概率就会增加。原因之一在于,他们和 A 的关系会直接导致他们彼此见面的概率增加:如果 A 花时间同时与 B 和 C 在一起,则 B 和 C 很可能因此认识彼此并成为朋友。另一个相关的原因是,在友谊形成的过程中,B 和 C 都和 A 是朋友的事实(假定他们都知道这一点)为他们提供了陌生人之间所缺乏的基本信任。第三个原因则基于 A 有将 B 和 C 撮合成朋友的动机:如果 A 同时与 B 和 C 都是朋友,则如果 B 和 C 不是朋友的事实可能成为 A 与 B 和 C 友谊的潜在压力。换言之,社会网络中三元闭包关系包含三个重要因素:机会、信任和动机。

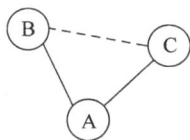

图 4-1　节点 B 和节点 C 之间形成的边解释三元闭包

三元闭包是社会网络演化的基本结构性原因。两个人的共同朋友越多,则他们成为朋友的可能性越高,这是从"量"方面的拓展;两个人与共同朋友的关系越密切,则他们成为朋友的可能性越高,这是从"质"方面的拓展。机会、信任和动机三方面因素的作用在三元闭包原理的这些拓展的意义上保持一致。

4.1.2　节点聚集系数

聚集系数可用来表示我们周围的朋友相互认识的程度,也可以用来反映我们朋友的朋友也是朋友的情况。更准确地说,节点的聚集系数是该节点的相邻节点之间的现有连接数与其最大可能连接数之比。

　　节点 A 的聚集系数即为与节点 A 相邻的节点之间边的实际数与节点 A 相邻的节点对的个数之比。一般情况下,一个节点的聚集系数范围为 0~1。其中,节点聚集系数为 0 表示该节点的朋友中没有人互相认识,即该节点附近的三元闭包过程非常弱;节点聚集系数为 1 表示该节点的所有朋友彼此也都是朋友,即该节点附近的三元闭包过程非常强。

　　节点的聚集系数是三元闭包的衡量标准。某节点附近的三元闭包过程越强,其聚集系数就越大。如在图 4-2(a)中,节点 A 的聚集系数为 1/6,体现出与 A 相邻的节点对 B-C、B-D、B-E、C-D、C-E、D-E 中,仅存在一条边 C-D,节点 A 的三元闭包过程比较弱;在图 4-2(b)中,节点 A 的聚集系数变为 1/2,在与 A 相邻的节点对中生成了 3 条新边 B-C、C-D、D-E,体现出了节点 A 的三元闭包过程的增强。观察同一社交网络在不同时间点的两张网络快照可以发现,有一定通过三元闭包产生的新边出现,使节点的聚集系数发生变化。

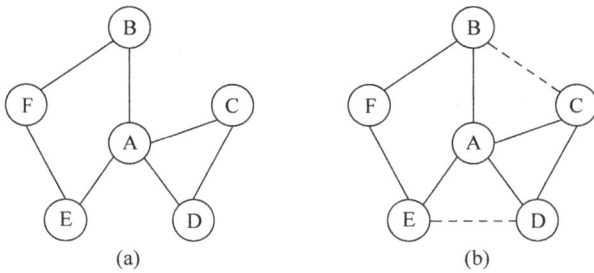

图 4-2　节点的聚集系数衡量三元闭包
（a）新边形成前；（b）新边形成后

4.1.3　强三元闭包性质

　　为了便于讨论,需要区别社交网络中不同关系的强度。一般来说,关系的强度可以使用一定范围内的任意值。为了简单起见,并与朋友/熟人二分原则相匹配,可将社交网络中的所有关系归为两类:强联系 S(较强的关系,对应为朋友关系)和弱联系 W(较弱的关系,对应为熟人关系)[2]。考虑到三元闭包关系中包含的几个重要因素:机会、信任和动机,强三元闭包原理(假设)是指在社会网络中,如果边 A-B 和 A-C 之间的关系为强关系,则 B-C 之间形成边的可能性应该很高。强三元闭包是三元闭包思想的一种延伸,为了更具体地讨论,马克·格兰诺维特给出了强三元闭包性质更为正式的定义:若节点 A

与节点 B、节点 C 均有强关系,但节点 B 和节点 C 之间无任何关系(强
或弱),则称节点 A 违反了强三元闭包性质。否则,称节点 A 满足强
三元闭包性质。

　　根据强三元闭包性质的定义可以发现,图 4-3 中的所有节点均满
足强三元闭包性质。如果将 A-B 边的性质改为"强关系",则节点 A
和节点 B 均违反了强三元闭包性质:节点 A 与节点 B 和节点 E 均为
强关系,但节点 B 和节点 E 之间并无 B-E 边相连;节点 B 与节点 A
和节点 F 均为强关系,但节点 A 和节点 F 之间并无 A-F 边相连。

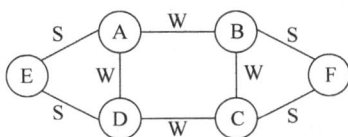

图 4-3　每条边添加关系强度的标签

4.2　社会网络中强弱关系

4.2.1　社会网络中桥和捷径

　　马克·格兰诺维特诧异:为什么对找工作这种重要的事情,提供有
效帮助的人更多只是一般熟人,而不是亲近的朋友[3-4]?首先,好的工
作机会信息相对来说比较稀缺,某些人从别人那里听到一个有前途的
工作机会表明他们有获取有用信息的来源。图 4-4 所示为一个简单
社交网络示意图,A 有四个朋友,A 和 C、D、E 形成一个闭合的网络
图,且彼此之间相互连通;而 A 与 B 的关系似乎拓展到了另一个不同
的社交网。由此可以推测,A 通过 B 获得的信息将给 A 带来转机:在
A 的闭合朋友圈中,C、D、E 很有可能提供类似角度的意见和相近的
工作机会信息,而 A 和 B 的关系则可能使他有机会接触完全不同的
观点和信息。也就是说,在日常生活中,熟人知道的信息不同于朋友
知道的,且朋友知道的信息我基本上都知道(因为经常接触)。从社会
网络的结构角度看:由于三元闭包的作用,朋友之间会形成比较稠密
相连的关系,对应所谓社交圈子,其中的人们相互都比较熟悉;而一
般熟人知道不同的信息,似乎意味着他属于另一个不同的圈子。

　　为明确表示上述例子中 A-B 关系的特别,介绍以下定义:

　　(1)桥(bridge):一个图中,已知节点 A 和节点 B 相连,若移除节
点 A 和节点 B 的连边 A-B 会导致节点 A 和节点 B 分属不同的连通分

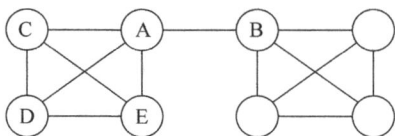

图 4-4　桥边 A-B 的示例

量,则该边 A-B 称为桥。也就是说,如果移除桥边 A-B,那么节点 A 和节点 B 是不连通的。桥边 A-B 是节点 A、B 之间的唯一路径。

（2）捷径(local bridge)：若边 A-B 的端点 A 和 B 没有共同的朋友,则称边 A-B 为捷径。也就是说,移除边 A-B 将会使节点 A 和节点 B 的距离增加至 2 以上(不含 2)。移除捷径 A-B,图中节点 A 和节点 B 仍然是连通的。

（3）跨度(span)：边的两端点在没有该边情况下的实际距离。

通过对小世界现象的学习可知,在实际社交网络中,桥是很罕见的。如图 4-5 所示,边 A-B 不是连接其端点的唯一路径,所以边 A-B 是捷径。也就是说,移除边 A-B 会将 A 和 B 的跨度增加到 4。类似捷径 A-B 的结构在真实的社交网络中较之桥更为普遍。桥可以看作捷径的特例。但是注意,捷径,特别是跨度比较大的捷径,其作用和桥没有明显差异,捷径的两个端点直接触及社交网的两个不同部分并可以通过该方式获取原本离自己很遥远的信息。利用桥和捷径可以解释格兰诺维特关于找工作问题的社交网络结构。可以预测,如果节点 A 需要获取全新的信息(如找一份新工作),则对他提供帮助很大的是(尽管不总是)桥或大跨度的捷径连接到的朋友。

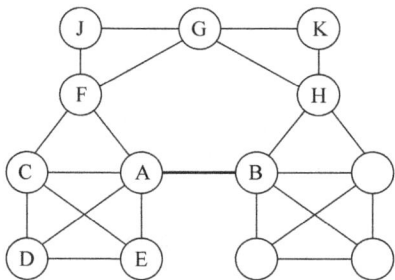

图 4-5　捷径 A-B 的示例

4.2.2　捷径和弱联系

将网络中的连接关系明确划分为强联系和弱联系,是一种局部的概念。将社交网络中的边区分为捷径和非捷径,是一种全局的结构性概念。从表面上看,这两个概念无直接联系,但实际上,通过三元闭包原理,可以在两者间建立起一种联系。

提出断言:在社交网络中,若节点 A 满足强三元闭包性质,并有至少两个在强联系边与之相连,则与其相连的任何捷径均为弱联系。

换言之,在假设满足强三元闭包性质及充分数目的强关系边存在的前提下,社交网络中的捷径必然为弱联系。观察图 4-3 可知:节点 A 和节点 B 之间的捷径必须是弱联系,否则,根据三元闭包原理,很有可能会形成另外的短路径将节点 A 和节点 B 连接起来(边 B-E 或边 A-F),此时边 A-B 就不是捷径了。

基于强三元闭包原理及统计推论可知,共同朋友越多,关系强度越高。也就是说,在社交网络中,人们关系的强度与共同朋友数正相关。这个结论的实质是两人关系的强度与是否有共同朋友是相关的,但不是等价的。捷径意味着没有共同朋友,两人关系是弱联系。这个结论的意义在于,它将来源于两个不同领域的概念巧妙地联系了起来,展示了学科交叉的魅力。

4.2.3 结构洞理论

结构洞(structural holes)是由芝加哥大学的罗纳德·伯特(Ronald Burt)于 1992 年在其书 *Structural Holes：The Social Structure of Competition* 中提出的经典社会学理论[5]。在社会网络中,结构洞是存在于社会网络中两个没有直接联系的节点集合之间的"缺口"。观察社会网络的方法之一,即将社会网络看作用弱联系连接起来的若干紧密群体。这种分析主要关注网络中不同边在机构上充当的角色:多数边在某些紧密联系的模式中,少数边跨越在几个不同群体之间。分析网络结构中不同节点担当的角色,可以得到许多进一步认识。如在图 4-6 中,节点 A 处在一个紧密群体的中心,节点 B 处于多个群体交界的中心位置。结构洞是指存在于网络中两个或多个没有紧密联系的节点集合之间的"空地"。用 Burt 的话说,节点 B 和与他有关的多条捷径组成了一个结构洞。如图 4-6 所示,对于 A、B、C、D 这四个节点来说,节点 A 和节点 B 相关联,节点 B 和节点 C 相关联,节点 B 和节点 D 相关联,而节点 A、节点 C 和节点 D 之间各不相关联,此时称节点 A、节点 C 和节点 D 之间存在一个结构洞。从图 4-6 中可以看出,节点 B 充当了中间人角色,即节点 B 处于结构洞位置,是需要识别出的结构洞节点。

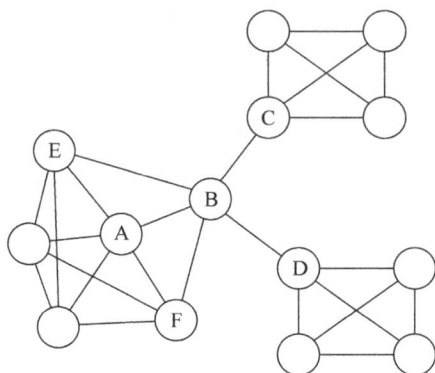

图 4-6　社会网络中的结构洞

　　从结构洞的视角来看,如图 4-6 所示,节点 A 处于单一群体内部,其邻里有很强的三元闭包特征,有很高的聚集系数。节点 B 连接大量捷径,处于结构洞位置。节点 B 在三个群体相连的"中间人"位置,可以更早地获得来自网络中多个互不交叉部分的信息,因此,在信息控制方面,节点 B 比周围其他节点更重要。节点 B 还具有另一个比较显著的优势,其所处位置意味着具有某种社交"把关"的作用,该节点不仅可以控制节点 C 和节点 D 访问它所属的群体,还可以控制它所属的群体从节点 C 和节点 D 的群体获取信息。因此,节点 B 可以更早获得来自网络中多个互不交叉部分的信息,也有机会整合来自不同群体的信息。

　　Burt 认为,个人在网络的位置比关系的强弱更为重要,其在网络中的位置决定了个人的信息、资源与权力。因此,不管关系强弱,如果存在结构洞,那么将没有直接联系的两个行动者联系起来的第三者拥有信息优势和控制优势,能够为自己提供更多的服务和回报。因此,个人或组织要想在竞争中保持优势,就必须建立广泛的联系,同时占据更多的结构洞,掌握更多信息。

4.3　社会网络的同质性

　　4.1 节讨论的"三元闭包"现象影响着社会网络结构,属于社会网络自身的因素(内部结构因素),本节关注的同质性是影响社会网络结构的外部因素。在社交网络中,影响网络结构的最基本的概念之一就是同质性(homophily),同质性是社会网络结构形成的基本外部原因。

4.3.1　同质性现象

同质性是个体趋向于与其他相似的人交往和发展关系的一种倾向,就像谚语"物以类聚,人以群分"[6]。影响社交网络结构最基本的概念之一是同质性,即我们和自己的朋友之间往往会有相同的特点。我们的朋友并不是从人群中随机抽取出来的,而是在某些方面与我们有很多的相似之处,如兴趣爱好、观念信仰、求学经历、职业经历等。当然,我们也有一些特别的朋友不具有上述相似性,但总体来看,普遍的事实是,在社交网络中相互连接的人倾向于相似。

三元闭包原理说明,若两个人有一个共同的朋友,则这两个人在未来成为朋友的可能性就会提高。也就是说,当个体 B 和个体 C 有一共同的朋友 A 时,就会有更多的机会和理由彼此信任,成为朋友的概率就会增加。网络中的三角形会随着朋友之间连接的形成,逐渐倾向于"关闭"。不仅如此,当前的社会环境也为三元闭包提供了自然基础。已知 A-B 和 A-C 是朋友,同质性原理表明个体 B 和个体 C 在很多方面与个体 A 会有很多相似之处,因此他们之间大概率也会有很多相似之处。因此,仅根据相似性,个体 B 和个体 C 之间建立友谊的可能也很大,即使他们并不知道另一个人也认识 A。

当越来越多地研究驱动形成社交网络的诸多因素时会发现,人与人之间建立连接的因素不是单一的,大多数连接的出现是多个因素相结合的结果,有的源于网络中其他节点的影响,有的受到周围环境的影响。

小到亲朋好友间的共同特点,大到社群、同事间的相似之处都体现了同质性。他们或是有着相似的爱好和习惯,或是有着相近的职业和价值观。拉查斯费尔德和默顿在 19 世纪 50 年代对社会学中同质性作用的研究工作对后来的同质性研究产生了普遍影响[7]。人们往往会选择与自己具有相似兴趣爱好的人成为朋友,在相处过程中,有时也会放弃自己的选择而去跟随朋友的选择。人们因需要与朋友保持一致而改变行为的过程称为社会化(socialization)[8]和社会影响(social influence)[9]。研究人员认为,社会选择和社会影响共同作用会导致同质性,有时社会选择的作用所占比例更大。同质性应是社交网络信息传播研究中需要考虑的一个重要因素。

4.3.2　同质性的量化

在社会网络中,一个普遍的认识是:人们往往会与同自己相似的人建立联系。然而,"相似"的含义会因考虑的问题不同而不同。如何定量评估一个社交网络中同质性现象的程度? 为了让研究的问题更具体,需要更清楚地进行刻画。假设人们按照两种属性区分(如性别),本节讨论如何判断社会网络中同质性体现的程度。如图 4-7 所示,直观上可通过相同颜色节点的聚集程度来刻画。如果两端点颜色相同的边很多,则同质性迹象明显。但如何定量刻画"很多"?

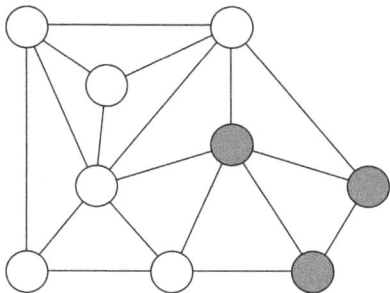

图 4-7 同质性判别的测度示例

在两种节点类型的图例中考虑同质性的判别。社会网络中同质性的简单测度的基本思想是:如果两端点颜色相同的边较多,则同质性显现较强。给定一个标识了两种颜色节点(灰色和白色)的网络图 G,设图 G 中灰色节点占比为 p,则白色节点占比为 $q=1-p$。若它们独立随机分布在网络中,对任意一条边来说,两端点颜色不同的概率是多少? 均匀情况下,可知给定图中两端点颜色不同的边占比为 $2pq$。根据给定图 G 中节点总数和不同颜色节点数,可分别算出 p、q 和 $2pq$。再数一数图 G 中实际两端点不同颜色的边数,比上图中边的总数,记作 r。若 r 明显小于 $2pq$,则说明图 G 中的同质性比较明显。

以图 4-7 为例,节点总数为 9,灰色节点有 3 个,白色节点有 6 个,各自占比分别是 1/3 和 2/3。于是一条随机边两端节点异色的概率为 $2\times(1/3)\times(2/3)=4/9$。据图 4-7 可知,图中总边数为 18 条,其中两端点异色的有 5 条,$5/18<8/18=4/9$,表明该网络图存在一定的同质性。

需要注意的是,在随机设定男女性别比的情况下,跨性别边的比例多少会偏离期望值 $2pq$,所以在实际操作过程中,需要明确"显著低于"的含义。此外,也可以将同质性的研究扩展到其他特质(如先天决定的特征、种族、民族、性别、年龄等;后天获得的特征,宗教、教育等)。当关注的特征只有两个选择时,就可以直接利用这个异色案例的测试结论,即 $2pq$ 的计算方法。当关注的特征有两种以上的可能结果时,也可以用此方法的通用版本。

4.3.3 同质现象背后的机制

在社会学中有一个基本问题:是因为相似才成为朋友,还是因为成为朋友后变得相似? 选择(selection)和社会影响是同质现象背后的两种机制。在社会网络中,选择和社会影响是相互作用的,我们选择与自己相似的朋友,同时因为朋友关系而改变自己的一些特征。

本节来理解社会网络中的选择和社会影响。在一些固有特质中,如性别和种族,人们总是倾向于和自己相似的人交朋友,这一过程被称为选择性,即人们根据相似的特征选择朋友。当然这些固有特质是不可变的,一个人的属性在其出生时就被确定,在其以后建立社会联系时发挥一定的作用。但是,如果特征是具有可变性的,如居住区、兴趣、观念、行为等,那么个体之间的特征与社交网络的形成就会变得很复杂。在社交网络中,选择过程依然存在,个体的特征影响着社交网络的形成结构。但与此同时还存在另一个过程:人们会通过改变自己的一些行为来和朋友们保持一致,这个过程被称为社会影响[9],网络中存在的社会联系影响了节点个体的可变特质。选择性和社会影响可看成两个相反的观念:在选择中,个体的特征主导网络连接的建立,但在社会影响中,已存在的社会网络连接将改变人们可变的特征。

选择与社会影响是相互作用的。若只是观察社会网络在一个时间点上的快照,看到人们与自己的朋友分享可变的特征,会很难区别选择与社会影响这两个因素对社交网络的影响程度。人们是会与自己在社交网络中的朋友的行为越来越像,还是他们选择了那些与他们已经相似的朋友? 对于这个问题,可以纵向观察社交网络,追踪一段过程中社会联系与人们行为的变化。即,一方面观察节点个体的网络连接改变前后,节点行为的变化情况;另一方面观察当节点个体的行为发生改变时,他的网络连接结构会有何变化。

纵向观察社交网络中社会联系和个体行为变化的方法已有很多应用研究,其中比较有代表性的是被应用于有相似特征的青少年人群中,如有相似的学校背景、相似的不良行为等[10]。诸多事例证明,在青少年人群中,他们的行为与朋友很相似,选择和社会影响都在此情况下发挥作用。青少年会在社交圈内寻找与他们相似的人,且会因同龄人的压力迫使自己改变行为,以适应他们所在的社交圈。本书比较关注的问题是这两种影响是如何相互作用的,是否其中一种情况的影响远远大于另一种?

理解这两种力量之间的冲突不仅对认识变化背后的原因有作用,也可能启示系统中实现某些引导调控的效果[11]。比如,青少年群体中吸毒显现出同质性:在青少年人群中,朋友吸毒会使自己吸毒的可能性提高。对此可以考虑相应方案,找出青少年人群中特定学生和学生团体,教导并督促他们停止使用毒品。在一定程度上,若观察到的同质性是根据一定程度的社会影响形成的,针对性提出相应方案可以对整个社交网络起到广泛影响,使那些关键学生(集)的朋友也停止使用毒品。但如果观察到的同质性完全是从选择作用中产生,那么这种直接减少吸毒学生行为的计划可能行不通。这些特定的学生停止使用毒品,改变自己的社交圈,并与那些未使用毒品的学生建立新的连接,但是其他之前与他们相关使用毒品的学生行为并不会得到改善。

社会网络中个体选择很可能受其他人的行为和决定所影响。从众(conformity)指个人的观念与行为由于群体的引导或压力(真实的和假象的)而朝向与多数人相一致的方向变化的现象,可以表现为在临时的特定情景中对占优势行为方式的采纳,也可以表现为长期性的对占优势的观念与行为方式的接受,如风俗、传统等。从众也是一种个人适应生活的必要方式。大量实验结果表明,从众的社会力量会随着一致性群体活动规模的壮大而增强[12]。

上述对同质性背后机制选择性与社会影响讨论的要点是,观察到同质性通常不是一个研究的结束,而是一些更深入研究问题的开始:社会网络中为什么会存在同质性?同质性背后的机制如何影响社会网络演化?哪些机制与外部环境有关,从而影响社交网络中人们行为?

4.4 社会网络中级联行为

当人们通过网络建立联系时,很可能受其他人的行为和决定所影响。在很多情况下,当周围的人提供给你的信息比你自己了解到的信息更有说服力时,人们往往会忽略自己的信息而选择加入人群,这种情况称为信息级联(information cascade)[13]。从众现象本质上就是根植于信息级联的。Anderson 和 Holt 设计的级联实验表明:级联非常容易发生,并且很脆弱[13]。因此,探究网络中的级联行为,揭示级联效应对网络信息传播的影响,是当前网络信息传播建模和调控方法研究中迫切需要关注的问题。

4.4.1　社会网络中的信息传播

在真实的社会网络中,个体决策往往会受到周围人所做决定的影响。在日常生活中,周围亲近的朋友、同事与自身或多或少都有着某些共同点。如果将人与人之间的相互联系反映在社交网络的拓扑结构中,两个彼此之间存在联系的个体之间就会有一条连边,他们在结构上是相邻的,与个体直接相连的节点称为直接邻居。这样的边通常是强联系。强联系的个体之间互动很频繁,因此强联系的邻居对个体的影响最为直接。

然而在实际生活中,人们不仅会受到其直接邻居行为的影响,还会受到更高阶邻居行为的影响。“弱联系理论”[2]指出,对一个人的工作和事业影响更大的往往不是属于强联系的关系亲密的朋友,而是属于弱联系的陌生人或者熟人。将弱联系映射到社交网络的拓扑结构中会发现,两个节点之间或许并没有直接相连,而是通过一些“中介”产生一定联系。强联系和弱联系的存在,使处于社交网络中的个体之间产生了相互影响。

人与人之间的交往和互动往往发生在有限的局部而不是全局范围。每个人都有一些特定的社会网络邻居,朋友、同事或熟人,接受一项新事物或选择一个方案所获得的收益会随着周围采纳的邻居越多而增多。因此,从利己主义的角度出发,当你周围足够多的邻居采纳了某项创新或方案时,你也应该采纳。在许多情景下,相比于社交网络中人群的行为选择,个体更在意的是自己的行为是否与周围邻居的行为保持一致。

社会网络中信息传播过程中包含两个相对普适的规律:记忆效应和社会强化效应。记忆效应指个体对于接收到的相同类型的信息具有记忆上的累积特性,如果信息在这一次的传播中没有成功,该信息对个体的刺激作用会累积下来,并在下一次的传播中对个体产生影响。也就是说,当个体多次受到同一类型信息的刺激时,很有可能促使个体改变对该信息的最初认识,这种信息刺激的累积效果会对个体选择是否参与信息转发行为产生影响。社会强化效应指的是个体在做决策时会受到多个周围人的行为的影响,个体接收到信息的次数的累积效果会影响其产生相应的行为,换言之,个体接收到信息刺激的次数越多,其产生相应行为的概率就会越大。例如,对于一个不经常关注微博热搜信息的人来说,如果某一天周围人群中有大多数人都在围绕某热点事件进行交流,该个体受到周围朋友的影响,也可能会去关注该热点事件进展。

4.4.2 级联行为传播模型

人与人相互影响的因素主要有两种形式:一是聚合效应,即一个群体的共同行为会吸引更多人的效仿,俗称随大流。聚合效应关心的是整体对个体的影响。二是结构效应,即利用网络的具体图结构分析个体如何受到其他相邻网络节点的影响。网络结构效应考虑的是"当地周围"对个体的影响。基于网络结构效应的处理方法能带来什么益处?人与人之间的交往和互动往往发生在有限的局部而不是全局范围,即人们通常比较在意朋友或同事对某事所做的决定,而不关心群体中所有其他人的决定。类似地,人们可能会与朋友保持对某事件或某新事物一致的观点,即便持有这种观点的人只占少数。

一种新的行为或新事物如何在朋友的影响下,从一个人到另一个人地在社会网络中传播呢?长期以来,社会学研究人员做了大量的相关实验工作探索创新事物的传播(the diffusion of innovations)行为[14-15]。促进或阻碍创新事物在网络中扩散主要有三方面的因素,分别是创新事物的特征、近邻网络的结构和初始节点的特征。创新事物的特征即事物本身能影响他人的特点,如一些"洗脑"歌曲能被迅速传播并被很多人传唱就是歌词和曲调的原因。近邻网络的结构映射到现实是周边的相关人群,人本身的行为会被周边的人所影响,家人的选择很容易也会成为你的选择;当你认识的人都在用某个新产品时,你也倾向于尝试。初始节点的特征即在网络中最初接受新事物的节点特征,包括初始节点的影响力和公信力等,如大公司开发的新产品的传播效率会比名不见经传的小公司高得多。

研究构建了一种网络结构影响新事物传播的行为传播模型。该模型设定一个场景,在一个社会网络中,事物 B 原本在一直流行,但现在出现了一种新事物 A,要怎么研究 A 的传播呢?假设每个人只能采纳 A 或 B,无法持中间立场。如果两个相邻的人同时采用 A,那么他们获利为 a;若同时采用 B,那么获利为 b。转换立场不需要付出额外的成本。在假设的基础上,如果要使一个人改变他的选择,那么必然是变更后获利更多。每个新事物必定会有一批最初坚定支持者。

在这样一个社会网络中,如图 4-8 所示,对于节点 V,假设有占比为 p 的邻居选择了 A,那么有 $(1-p)$ 的邻居选择 B。参考博弈论中的均衡原理,对节点 V 来说,选择 A 的获利为 pa,选择 B 的获利为 $(1-p)b$。若要促使节点 V 选择新事物 A,明显要使 $(1-p)b < pa$。可以得到 $p \geqslant b/(a+b)$,即选择 A 的邻居占比要超过 $b/(a+b)$,节点 V 才会选择接受新事物,称 $b/(a+b)$ 为门槛值,是新事物被节点接收的门槛,用 q 来表示。可以看出 a 越大,新事物的好处越强,门槛值越低,人们越容易接受;反之,若旧事物越强,想让人们转变立场就越难。当新事物在网络中传播时,可通过这个简单的模型判断它是否会被网络中的节点所接受。

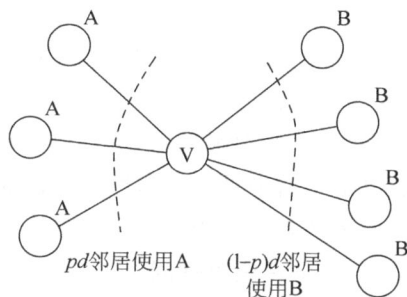

图 4-8　节点 V 基于它邻居的选择在选项 A 或 B 中做选择

众所周知,一个笑话或有趣的短片在社交网络中会传播得很快,但是有些相对严肃的信息在大型社交网络中则传播得相对较慢。社会活动往往带有一定的风险,因此,个体在决定是否接受一种新行为或新事物时,往往需要有更高比例的邻居来支持他们的决定。本节建立的级联行为传播模型[16]引入了评估个体参与信息传播的成本的信息转发阈值,不同的信息内容对应不同的信息转发阈值。信息转发阈值越低,个体转发信息的可能性越大,即信息传播概率越高。也就是说,个体转发一个笑话或短视频不需要得到更高比例的邻居的支持,而转发不可靠信息的个体则需要得到更高比例的邻居的支持。可以理解为,当人们转发一些负面信息时,往往需要付出一定的代价,因此需要有更高比例的邻居来支持和肯定个体的这一决定。考虑到用户级联行为对信息传播的影响,引入动态的信息传播率,节点个体对信息传播的决策与信息传播的内容和网络邻居节点状态有关,采用网络拓扑、用户行为和信息内容联合建模的方法可以建立级联行为的传播模型。

综上所述,相比于疾病和舆论等传播现象,对个体行为的影响、特别是级联行为对网络信息传播的影响研究甚少。事实上,信息传播与个体行为之间是相互联系、相互影响的。

4.4.3 聚簇与级联

同质性往往可能成为扩散的障碍,因为人们倾向于与他们相近的人互动,而新的事物、新的行为传播往往来自于"外面"的世界,这使得新事物、新行为的传播难以从外部进入密集连接的区域[7]。这种"密集连接区域"有一个关键属性:如果一个节点属于一个区域,则许多它的邻居节点也倾向属于该区域。称这样的密集链接区域为聚簇结构。在聚簇结构内部,节点个体的行为倾向于接近它们的邻居节点,当一个节点周围有足够多的邻居节点对某一事件采取同一行为时,它本身也会倾向于采取同样的行为。

聚簇结构是社会网络中的中观结构,既是网络中节点联系比较紧密的密集连接区域,也是网络中具有相似性行为倾向的个体聚集体。

在社会网络中,如果节点属于某聚簇,则该节点的大多数邻居节点也都属于该聚簇。当面临特定事件时,同一聚簇内的不同节点往往持有相同或相似的观点和行为。特别需要注意的是,在聚簇结构的边缘,对同一事件持有的不同看法很难被聚簇内的个体所吸纳。人们倾向于与身边的人互动,而来自外部"新"的信息或行为想要闯入一个紧密的聚簇是很困难的。

聚簇密度用来刻画聚簇结构内节点个体行为倾向于与其所属相同聚簇内邻居节点行为的相似性程度。称一个聚簇结构的聚簇密度为 ρ,指的是聚簇内每个节点至少有比例为 ρ 的有相似性倾向行为的网络邻居也属于这个聚簇。

以图 4-9 为例来说明聚簇密度。根据聚簇密度的定义可知,图 4-9 中共有三个聚簇结构,左侧是由节点 1~3 组成的聚簇密度为 0.5 的聚簇 1,中间是由节点 4~7 组成的聚簇密度为 0.66 的聚簇 2,节点 8~12 组成了聚簇密度为 0.8 的聚簇 3。在任意聚簇结构内每个节点都存在一定比例的同一聚簇的邻居节点,这构成了聚簇结构的"凝聚力"。

密集连接区域及各个区域之间的弱连接对信息传播有重要的影响[7]。网络图中不同聚簇结构之间的连边是弱连接。以图 4-9 为例,(6-8)这条边是聚簇 2 和聚簇 3 之间的连边,是图 4-9 中的弱连接,通

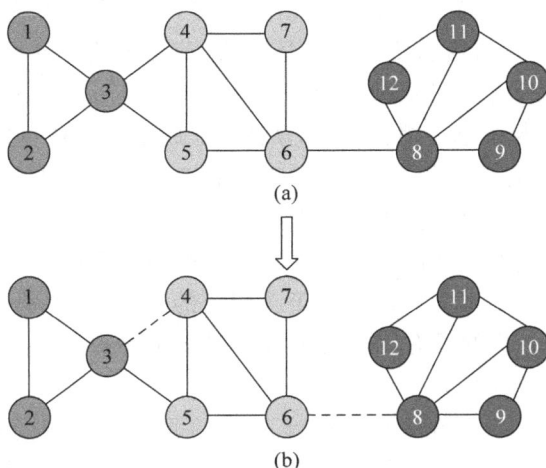

图 4-9　聚簇结构的聚簇密度示例

(a) 初始图中聚簇密度为 0.5(左 1)、0.66(中 2) 和 0.8(右 3)；(b) 有限删
边后聚簇密度为 0.66(左 1)、0.66(中 2) 和 1.0(右 3)

过连边(6-8)可以实现不同聚簇结构之间的消息传递。

个体决策是否参与信息传播要考虑参与行为的风险代价。引入
信息传播门槛值 q 来反映参与信息传播的代价。节点个体决策是否
参与信息传播行为时,会根据信息传播门槛值和节点邻居倾向性来判
断,用占比高的邻居节点的行为来优化自身决策。

信息传播门槛值 $q(q \in (0,1))$ 用来刻画参与信息传播行为的风
险代价。q 值越大,网络中参与信息传播的危害性越大,个体参与信
息传播所付出的代价就越大。

网络中传播的信息可信度高且危害性越小,q 值就越小,个体选
择参与传播该信息的风险代价也就越小。较低的 q 值能使其对应的
信息较快地传播到当前网络中那些拒绝它的区域。也就是说,对于较
低的 q 值,当节点个体决策时,若有比例较低的邻居节点选择参与,会
促使其也选择参与传播。所以,低的信息传播门槛值 q 印证了受关注
度越高且门槛值越低的信息越容易在网络上传播的现象。

如图 4-9 所示,假设节点 6 和节点 7 构成源节点集,剩余网络中的
节点 3 和节点 8 比聚簇 1 和聚簇 2 中的其他节点拥有更丰富的信息,
它们可以从节点 4 和节点 6 接收到聚簇 2 的信息,但考虑到参与信息
传播行为的风险,剩余网络中的节点会根据多数邻居节点的行为进行
决策,即倾向于所在聚簇的大多数邻居节点的行为。假设当前的信息
传播门槛值 q 为 0.4,可以观察到初始信息的参与节点 6 和节点 7 所

在聚簇 2 中的所有节点都将参与信息传播,但聚簇 1 和聚簇 3 中的所有节点都不会参与信息传播。这是因为,节点 8 所在的聚簇 3 和节点 3 所在的聚簇 1 中的邻居节点都没有参与信息传播,故节点 8 和节点 3 会选择不参与信息传播。所以,从图 4-9 的示例分析可知,节点 6 和节点 7 作为信息传播的源节点,对于聚簇密度为 0.5 和 0.8 的聚簇 1 和聚簇 3,门槛值为 0.4 的信息是无法传播到这两个聚簇结构中的。故可知,网络中聚簇结构的边缘可以阻挡虚假信息的传播。在现实生活中,这一现象表现为人们倾向于与相近的人互动,如邻居、朋友及同事,而来自网外部的具有风险的新行为或新事物想要闯入一个紧密的社会团体是很难的。

定理 4.1 设存在一个传播行为 A 的源节点集,剩余网络中节点参与传播行为 A 的信息传播门槛值为 $q(q \in (0,1))$。则①如果剩余网络中存在一个密度大于 $1-q$ 的聚簇,那么这个源节点集不会产生一个完全级联;②如果一个源节点集在门槛值 q 作用下不能产生一个完全级联,那么剩余网络中一定包含一个密度大于 $1-q$ 的聚簇结构[13]。

根据定理 4.1①可知,当一个级联遇到一个密度高的聚簇结构时,级联就会停止,即聚簇阻挡级联。分析定理 4.1②可知,聚簇不仅仅是级联的自然障碍,也是唯一障碍。定理 4.1 揭示了网络中聚簇能够阻挡级联的本质。

本质上,当级联遇到一个密度高的聚簇时就会停下来,这是唯一一致使级联停止的原因[16]。换言之,聚簇是级联的自然障碍。这个结论最有价值的地方在于,利用网络结构的自然特征,可以阻挡信息级联的过程,也给网络中密集区域阻挡级联传播的这种直观认识提供了理论基础。研究级联行为还带来了一个启示,即认识一种新思想和实际采用它有着根本区别。门槛值扩散模型揭示了弱连接优势,那些不常见到的人,往往会形成一个社会网络的捷径。他们提供一些信息来源,如新的工作机会,这些信息我们通常没有机会通过其他的途径得知。但如果考虑一个新行为的传播,情况就非常不同了,采纳一项新行为不仅要首先认识它,还涉及新行为的门槛值[17]。

由此可知,社会网络中的桥和捷径具有双重特性:它们是传递新事物信息的有利途径,但在传递有某种程度的风险或需要付出的行为时表现虚弱,节点需要确定有足够多的邻居采用后才会采用。

参考文献

［1］　RAPOPORT A. Spread of information through a population with socio-structural bias：I. Assumption of transitivity［J］. Bulletin of Mathematical Biology,1953,15(4)：523-533.

［2］　GRANOVETTER M S. The Strength of weak ties［J］. American Journal of Sociology,1973,78：1360-1380.

［3］　GRANOVETTER M S. The idea of "advancement" in theories of social evolution and development［J］. American Journal of Sociology,1979,85(11)：489-515.

［4］　GRANOVETTER M S. Getting a job：A study of contacts and careers［M］. University of Chicago Press,1974.

［5］　BURT R S. Structural Holes：The Social Structure of Competition［M］. Cambridge,MA：Harvard University Press,1992.

［6］　DENISE B,KANDEL. Homophily,Selection,and Socialization in Adolescent Friendships［J］. American Journal of Sociology,1978,84(2)：427-436.

［7］　KOSSINETS G,WATTS D J. Empirical analysis of an evolving social network［J］. Science,2006,311：88-90.

［8］　DENISE B K. Homophily, selection, and socialization in adolescent friendships［M］. American Journal of Sociology,1978,84(2)：427-436.

［9］　STRANG D,FRIEDKIN N E. A Structural Theory of Social Influence［J］. American Journal of Sociology,1998,45(1)：162.

［10］　孙晓娟,邓小平,赵悦彤,等.青少年攻击行为的同伴选择与影响效应:基于纵向社会网络的元分析［J］.中国临床心理学杂志,2019,27(3)：546-554.

［11］　罗琳.青年网络"圈层化"的时代特征、生成机制与风险防控［J］.中国青年社会科学,2022,41(3)：75-83.

［12］　MILGRAM S,BICKMAN L,BERKOWITZ L. Note on the drawing power of crowds of different size［J］. Journal of Personality & Social Psychology,1969,13(2)：79-82.

［13］　(美)EASLEY D,KLEINBERG J. 网络、群体与市场：揭示高度互联世界的行为原理与效应机制［M］.李晓明,王卫红,杨韫利,译. 北京：清华大学出版社,2011.

［14］　ROGERS E M. Diffusion of Innovations［M］. Free Press,fourth edition,1995.

［15］　STRANG D,SOULE S. Diffusion in organizations and social movements：From hybrid corn to poison pill［J］. Annual Review of Sociology,1998,24：265-290.

［16］　MORRIS S. Contagion［J］. Review of Economic Studies,2000.

［17］　LI L,ZHENG X, HAN J, et al. Information cascades blocking through influential nodes identification on social networks［J］. Journal of Ambient Intelligence and Humanized Computing,2023,14：7519-7530.

第**5**章

网络中节点影响力及影响力最大化

寻找网络中关键节点是复杂网络重要研究内容之一。复杂网络的关键节点是指相比于网络的其他节点而言,能够在更大程度上影响网络的结构与功能的一些特殊节点。网络科学研究的热点从早期发现跨越不同网络的宏观上的普适规律转变为着眼于从宏观(社团结构、群组结构)和微观层面(节点、链路)解释不同网络所具有的不同特征。随着网络科学研究从整体宏观到个体微观的转变,关键节点的排序和挖掘已成为受关注研究内容。有影响力节点的识别和预测具有重要的理论意义和应用价值,是社会网络的热点研究领域。

5.1 节点影响力的定义

对影响力的研究早在 20 世纪初期就受到了社会学家和心理学家的关注[1]。政治家利用影响力来赢得选举,商人利用社会网络上口口相传的影响力来推销商品,社会舆论引导和创新理论的传播等都可以借助社会网络上具有高影响力的个体用户。对社会网络节点影响力进行分析、度量、建模和传播的相关研究具有重要的理论和实践价值。

社会学家 Rashotte 把影响力定义为个体在与他人或群体的互动中,导致自身的思想、感觉、态度或行为发生变化的现象[2];Katz 等在研究美国总统选举中,将少部分影响力大的个体定义为"意见领袖",并说明个体的影响力存在一定的差异性[3];有学者提出不同的连接关系对节点影响力的贡献存在差异,且弱连接对节点的影响力所产生的作用优于强连接[4-5]。

社会网络的出现为定义和研究节点影响力提供了定量基础,定量度量节点影响力需要构建可测量指标。个体与个体之间通过各种关系连接形成社会网络拓扑结构,如科学家与科学家合作形成了科学家合作网络,论文与论文之间的引用关系形成了引文网络,微博用户通过关注行为形成了关注网络等。直观来看,社会网络中节点重要性排序指标可用来度量节点影响力。节点的度中心性[6]、介数中心性[7]和紧密中心性[8]等都能一定程度地表示节点影响力。PageRank 算法[9]、HITS 算法[10]等随机游走算法也可以用来对节点排序进而刻画节点影响力的大小。

影响力可以表达为一个个体的特性,也可以表达为个体之间的作用形式,所以影响力有全局影响力和局部影响力两类。一般利用网络统计指标得出的影响力属于全局影响力;根据用户在社会网络上的行为特征和交互信息的统计指标来表示影响力,或将影响力在对象和作用范围上加以区分,都属于局部影响力。

从分析节点影响力相关定义与表现形式可以看出,节点的全局影响力越大,对信息、行为在整个社会网络中的传播控制能力越强,社会网络中一小部分最具影响力的节点能够控制整个社会网络中大部分的传播。一个节点对另一个节点的影响力属于局部影响力,节点对另一个节点的影响力越大,后者在社会网络中就越会追随和模仿前者的行为。从定量形式度量节点局部影响力角度出发,针对不同应用的整体要求,结合局部影响力和网络结构来定义节点影响力,能够取得较好的效果。

利用拓扑结构度量节点影响力是最基本的影响力度量方法。拓扑结构能够从宏观层面上刻画节点的影响力,复杂网络中的拓扑结构指标也相对成熟。然而网络拓扑结构中的连边无法描述节点间的复杂交互关系。在拓扑结构中,每个节点都是一样的,没有区分。社会网络拓扑结构对于节点本身的行为和节点对其他节点多种形式的交互行为的利用太少。如在微博中,用户间不仅有关注关系,还存在着转发、评论等关系,这些交互行为的频率也不同。社会网络是用户交互的基础,而用户交互的内容则是用户活动的根本。直观分析,不同领域的用户在各自领域的影响力也有所不同。

5.2 网络节点影响力度量

本节将较为详细介绍基于网络拓扑结构的节点影响力度量,包括无向网络中的节点度、介数和特征向量,有向网络中 PageRank 算法和HITS 算法等。相比于基于拓扑结构的节点影响力度量,基于内容与行为特征的节点影响力度量能更好地刻画用户与用户之间影响力的形成和发展。

5.2.1 基于拓扑结构的节点影响力度量

网络拓扑结构能够从宏观层面上刻画节点的影响力,相对容易获取,复杂网络中的拓扑结构指标也相对成熟,因此,利用网络拓扑结构来度量节点影响力已成为常规方案。基于网络拓扑结构的影响力度量方法基本思路是,如果目标节点在网络中的拓扑特征非常显著,则认为该节点在网络中具有重要作用或影响力,即该节点可用来预测实际的影响力,如传播影响力、社会影响力、区域经济影响力等。

1. 度中心性

在地产行业中,房子的价值与地段密切相关,离市中心越近的房子房价越高。在复杂网络中道理也大致相同,即越靠近网络中心位置的节点其价值越大。社会网络常用"中心性"来刻画节点的位置,其中最直观的指标就是度中心性(degree centrality,DC)。度中心性是指与该节点直接相连的其他节点的个数[11]。在一个含有 N 个节点的网络图中,节点最大可能的度值是 $N-1$。如图 5-1 所示,节点 D 的连接数是 6,和网络中的所有节点都建立了直接联系,其他节点的连接数都是 3,因此节点 D 的度中心性最高。整个网络一共有 7 个节点,意味着每个节点最多可以有 6 个社会关系。因此,节点 D 的度中心性是1,其他节点的度中心性是 0.5。

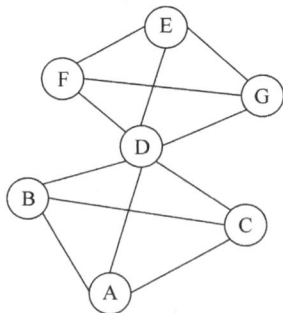

图 5-1 基于度中心性度量示例

度中心性是网络中节点中心性的最直接度量指标。一个节点的度越大,这个节点的度中心性越高,该节点在网络中就越重要。

2．介数中心性

介数中心性（betweenness centrality，BC）是指网络中通过该节点的最短路径的数目，该指标可用来刻画节点影响力[7]。直观上来说，如果一个成员位于其他成员的多条最短路径上，那么该成员就是核心成员，就具有较大的介数中心性。

以图 5-2 为例分析介数中心性刻画的节点影响力。从图中可知，节点 H 的介数中心性最大。除了节点 H，网络中的其他节点被分成三个虚线圈包围的三块，节点 H 处于网络的"中间人"的位置。相较于其他节点，节点 H 的影响力最大。

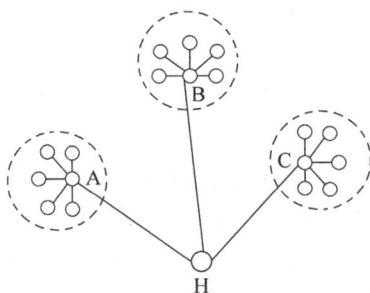

图 5-2　基于介数中心性度量示例

3．特征向量中心性

特征向量中心性（eigenvector centrality，EC）认为一个节点的重要性既取决于其邻居节点的数量（即该节点的度），也取决于每个邻居节点的重要性。记 x 为节点 i 的重要性度量值，则：

$$\text{EC}_i = x_i = c \sum_{j=1}^{n} a_{ij} x_j \tag{5-1}$$

式中，c 为一个比例常数。记 $x = [r, x_1, x_2, \cdots, x_n]^T$，经过多次迭代到达稳态时可写成矩阵形式：

$$x = cAx \tag{5-2}$$

这表示 x 是矩阵 A 的特征值 c^{-1} 对应的特征向量。计算向量 x 的基本方法是给定初值 $x(0)$，然后采用如下迭代算法：

$$x(t) = cAx(t-1), \quad t = 1, 2, \cdots, n \tag{5-3}$$

直到归一化的 $x'(t) = x'(t-1)$ 为止。每一步的迭代过程中，如果将 x 除以邻接矩阵 A 的主特征值 a，这个方程就能得到一个收敛的非零解，即 $x = \lambda^{-1} Ax$。于是，常数 $c = \lambda^{-1}$。

特征向量中心性更强调节点所处的周围环境(节点的邻居数量和质量),它的本质是一个节点的分值是它的邻居的分值之和,节点可以通过连接很多其他重要的节点来提升自身的重要性,分值比较高的节点要么和大量一般节点相连,要么和少量其他高分值的节点相连。

从网络信息传播的角度看,特征向量中心性适合描述节点的长期影响力,如在疾病传播、谣言扩散中,一个节点的 EC 分值越大,说明该节点距离传染源更近的可能性越大,是需要防范的关键节点。理论上,特征向量中心性可直接推广到有向网络。在有向网络的情形中,最常用的是 PageRank 算法和 HITS 算法。

4. PageRank 算法和 HITS 算法

PageRank 算法是基于随机游走思想对网页进行排序的一种著名算法,是谷歌搜索引擎中的核心算法。该算法有两个假设:①如果一个网页被多次引用,则它可能是很重要的;②如果一个网页虽然没有被多次引用,但是被重要的网页引用,则它也可能是很重要的。

PageRank 算法基本思想是网页的重要性与链接到它的其余网页的数量和质量有关,而节点影响力度量与网页重要性评估的思路是一脉相承的,即认为节点的影响力取决于其邻居节点的个数和品质,故它常被用于衡量节点的影响力。

PageRank 算法的详细计算步骤如下:①给每个节点设置一个初始值 $PR_i(0)$,其中 $i=1,2,3,\cdots,n$,且满足所有节点的 PR 值之和为 1,即 $\sum_{i=1}^{n} PR_i(0)=1$;② 在 $k-1$ 步中,所有节点的 PR 值都被均分给它们的邻居节点,设置一个比例常数 s,将节点的 PR 值以因子 s 缩减,则在第 k 步节点 i 的 PR 值为:

$$PR_i(k)=s\sum_{j=1}^{n}\overline{a_{ji}}PR_j(k-1)+(1-s)\frac{1}{n}, \quad i=1,2,3,\cdots,n$$

(5-4)

步骤②是迭代过程,利用因子 s 来控制算法的收敛性与有效性,s 越接近于 1,则算法的收敛速度越慢。通常将 s 置为 0.85。

HITS 算法与 PageRank 算法一样,也是基于网页链接结构来计算网页的得分。不同于 PageRank 只产生一个权威(authority)值分数,HITS 算法利用网页的入链和出链(类似论文间的被引与引用)产生两个分数,即权威值和枢纽(hub)值。

HITS 算法基本思想建立在页面链接关系的基础上,每个页面的重要性由两个指标来评价——权威值和枢纽值。一个页面的权威值由指向该页面的其他页面的枢纽值刻画,页面的权威值与网页自身直接提供内容信息的质量相关,被越多网页所引用的网页,其页面的权威值越高;页面的枢纽值由指向页面的权威值来刻画,页面的权威值与网页链接的页面质量有关,引用越多高质量页面的网页,其权威值越高。

5.2.2　基于用户行为的节点影响力度量

对人类行为的定量分析及人类行为的时空规律研究在复杂性科学和统计物理等相关领域取得了不少研究成果,为进一步研究社会网络中用户行为的度量和建模提供了理论基础。Zhang 等研究了微博用户的转发行为,发现用户转发消息的概率受其邻居中已转发此消息邻居之间形成的连通图个数的影响,并提出了局部节点影响力指标,用局部节点影响力度量用户朋友圈结构对转发行为的影响[12]。Tan 等在网络的拓扑结构与用户行为数据两个方面入手刻画邻居用户对该用户本身的影响力大小[13]。毛佳昕等对微博用户的浏览习惯及转发信息偏好等行为特征进行分析,进而刻画用户的影响力值[14]。丁兆云等通过用户的四种行为提出话题影响力模型,并基于该模型计算用户的影响力[15]。Li 等考虑用户注意力的变化情况,通过观察用户的注意力如何在网站间流动来对网站进行排序[16]。王利等考虑微博用户的转发行为、评论行为和点赞行为,提出 SMRank 算法,该算法可以计算用户各时间段的影响力值[17]。黄贤英等在 PageRank 算法的基础上,基于微博用户的认证信息及活跃度等情况刻画用户的自身基本影响力,通过引入用户的博文转发率衡量用户的内在影响力,进而提出 UserRank 算法计算用户实际影响力[18]。

考虑用户行为的节点影响力度量方法的优势在于体现了影响力传播过程中用户行为的影响作用,比较贴合社会网络的实际情况;缺点是只在部分特定的网络中适用,其应用范围有限,普适性不高。

5.2.3　基于信息内容的节点影响力度量

社会网络中不仅有用户间的链接关系,还有用户发布信息的文本内容。信息内容是影响力传播的载体,结合用户的信息内容有助于分析影响力促进信息传播背后的机理。

段松青等通过论贴回帖人的态度转变来判断发帖人对回帖人的

影响大小,进而得到用户的影响力排序[19]。樊兴华等考虑信息文本间的相似性及文本中态度的转变情况来判断用户间的影响程度,进而判断该用户的影响力大小[20]。基于内容的影响力度量模型能够分析出用户对他人的影响标示出的具体形式,但对数据文本内容的要求较高,不适用于对大规模社会网络中用户影响力的度量。

在大规模的社会网络中,用户所发信息内容的新颖程度是影响用户所发信息流行程度的影响因素之一,用户发布信息的流行时间和范围也是度量用户影响力的依据。Song 等发现博客中的信息新颖度和拓扑结构对用户影响力有影响,在 PageRank 算法的基础上进行改进,提出了 InfluenceRank 算法来挖掘有影响力的用户[21]。研究发现,很多流行范围很广的话题是由影响力大的用户发起的。Peng 等在研究微博信息的最终流行度时,发现信息传播的早期转发者的拓扑结构和最终流行程度有很大相关性[22]。如果用户发布的信息早期传播深度较广,则有利于信息在社会网络中的广泛传播。

基于信息内容的影响力度量方法能更加细致地刻画出当用户对他人产生影响时表现出来的具体形式,这种影响可能使他人在明确信息内容的基础上与用户具有相似性和一致性。但是,这类方法忽略了用户间在长期交流过程中形成的相对稳定的影响力,在信息内容的数据处理方面较为烦琐。

5.3 面向社团的节点影响力度量

识别社会关系网络中对信息传播过程影响力大的关键节点,对于理解并控制网络上信息传播具有重要意义。社团结构是社会网络中的一个普遍现象,每个社团内部节点之间的连接相对比较紧密,而各个社团之间的连接相对较为稀疏。社会学经典的理论"弱连接的强度"指出,从网络角度看,关系密切的朋友往往组成紧密的小团体,弱连接对应这些团体之间的稀疏连接,强连接则对应这些团体内部的紧密连接。每一个紧密的小团体内部的个体很有可能平时都生活在相同或相似的圈子中,即他们接触到的也可能是相似的信息。因此,研究网络社团对节点的影响力分析有着重要的意义。

5.3.1 社团结构对节点影响力度量影响

社会网络中往往具有社团结构,与社团之间的连边比较稀疏相比,社团内节点间的连边较稠密。在社会网络中,如果某节点属于一个社团结构,则该节点的大多数邻居节点也都属于该社团结构。社团内个体接触到的很可能是相似的信息,对于面临的特定事件,他们可能持有相似的观点。图 5-3 所示为一个包含三个社团结构的小规模网络,这三个社团结构分别对应虚线圈包围起来的节点及其连边。

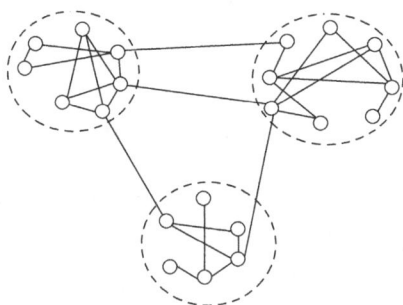

图 5-3 小规模网络社团示例

在"弱连接的强度"理论中,Granovetterh 用认识时间的长度、交互的次数、亲密程度等刻画个体间连接的强度[4]。例如,两个亲密交往的朋友属于强连接关系,而只偶尔见面的同学则属于弱连接。Granovetterh 认为弱连接优于强连接,因为弱连接能够在不同群体之间起到"桥"的作用。桥和捷径是社会网络中存在的重要结构,在假设满足强三元闭包性质及充分数目的强联系边存在的前提下,社交网络中的捷径必然为弱联系。社会网络可以看作是用弱联系连接起来的若干紧密群体,关注网络中不同边在结构上充当的角色:多数边在某些紧密联系的模式中,少数边跨越在几个不同群体之间。

结构洞是 Burt 等在研究社会网络中竞争关系时提出的经典社会学理论[23]。从社会学角度来看,结构洞是非冗余连接之间存在的缺口(如图 5-4 所示,节点 2 和节点 1、节点 2 和节点 3、节点 2 和节点 4 之间没有冗余连接)。由于结构洞的存在,一些充当中间人的节点可以获得相比于其邻居节点更高的网络收益,即这些中间节点的重要性更大。以图 5-4 中的节点为例,节点 2 位于结构洞位置,在三个社团间充当"中间人",因此,节点 2 在信息控制方面拥有更大的优势。若在节点 1、节点 3 和节点 4 之间产生连接关系,则节点 2 的控制能力会大为降低。从复杂网络角度看,拥有较多结构洞的网络节点更有利于信息的传播,这就为如何识别有影响力的节点来干预社交网络中信息传播提供了思路。

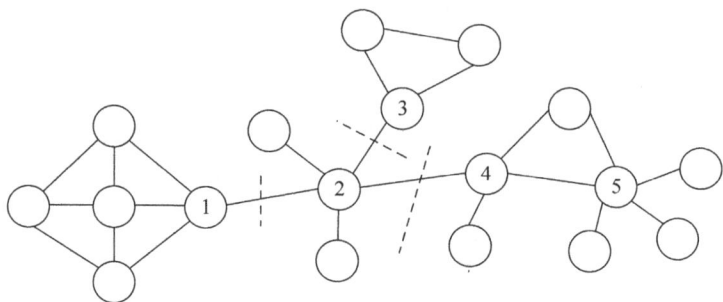

图 5-4 社团结构对节点影响力的影响

Burt 提出用网络约束系数(network constraint)来衡量网络中节点形成结构洞所受的约束[24]。网络中节点 i 的网络约束系数表示为

$$C_i = \sum_{j \in \Gamma(i)} \left(p_{ij} + \sum_q p_{iq} p_{qj} \right)^2 \tag{5-5}$$

式中,j 为节点 i 的直接邻居;p_{ij} 为节点 i 为维持与它所直接连接的节点 j 的邻居关系所投入的精力占其需要投入的所有精力的比例;q 为节点 i 和节点 j 的共同邻居的集合;p_{iq} 和 p_{qj} 分别为节点 i 和节点 j 与共同邻居节点 q 维持关系投入的精力占其需要投入的所有精力的比例。从节点的网络约束系数的计算过程可以看出,它既考虑了网络中节点自身的影响力(节点的度中心性),也考虑了该节点与其周围邻居之间连接的紧密程度。从复杂网络的观点来看,网络约束系数利用了网络局部属性评价节点重要性,在计算量上有优势,约束系数小的节点在信息传播中具有较大影响力。

苏晓萍等在结构洞理论的基础上提出了 N-Burt 模型来寻找网络中最具影响力的节点,在节点影响力度量中体现出节点所处社团的中心性和连接不同社团的"桥接"性[25]。韩忠明等利用结构洞性质,通过 ListNet 的排序学习方法,有效地融合了包括网络约束系数在内的多种度量指标,在关键节点排序上取得了较好的效果[26]。Yang 等在研究信息扩散时将用户分为 3 类角色:意见领袖、结构洞和普通用户,分析了当用户作为不同角色时在信息扩散时发挥的作用,意见领袖对其粉丝的传播影响力是普通用户对其好友的 10 几倍,而结构洞节点在不同的群体之间起到桥接作用,少量结构洞节点加入信息传播过程中能促使信息的传播范围迅速扩大[27]。

基于社团结构的节点影响力指标不仅考虑了节点的邻居节点,还考虑了邻居节点的社团性质,其优点是将个体与群体之间的影响力体现出来,但是对于度量的结果依赖于社会网络的社团性质和社团划分算法,对于社团结构不明显的社会网络,其度量效果并不好。

社团结构在社交网络结构中表现得十分突出。根据社团结构内紧外松的特点,研究者设计算法来探测网络中的社团结构,这有助于更好地了解社团结构特性,为复杂网络的动力学研究提供了便利。

5.3.2　基于 V_c 指标度量

社团结构是社会网络的一个重要的固有属性。赵之滢等在关注社团结构性对节点的传播影响力有重要作用的基础上,提出了一种基于网络社团结构的节点影响力度量方法,其基本思想是用与某个节点直接相连的社团的数目(称为节点的 V_c 值)来衡量该节点的传播能力[28]。

节点的 V_c 指标用来刻画节点可以连接的社团多样性,即该节点和它的直接邻居节点分属于不同社团结构的数目。在线社交网络中,节点个体的 V_c 值越大,说明它活跃在多个不同的社团结构中,其影响力就越大。在社会网络中,当一个人的好友处于多个社团时,则这个人可以收到多个不同社团的信息,这个人的信息也可能被多个社团中的成员所了解,他的影响力也就越强;反之,如果一个人的好友大多处于一个社团内时,他的影响力就相对较弱。

在图 5-4 中,18 个节点被分成 4 个社团,节点 2 连接了 4 个社团,其 V_c 值为 4,而节点 5 位于一个社团的内部,其 V_c 值为 1。因此,虽然节点 2 和 5 的度中心性都是 5,但因为节点 2 的 V_c 值大得多,所以节点 2 的影响力要大。

节点的 V_c 指标的现实意义体现在实际社交网络中,朋友多但社团结构单一的人对其他相距较远社团结构的人的影响力是有限的;而对于 V_c 值相对较大的节点个体,他们的朋友横跨不同的社团结构,能够影响的范围更广,间接说明了这类节点个体的重要性。

5.3.3　基于类桥节点度量

在社交网络中,两个紧密联系的朋友、同事属于强连接,不常见到的同学属于弱连接。从社会网络拓扑图来看,关系密切的好友形成社团结构,弱连接对应社团之间的稀疏连接,而强连接对应社团内部的紧密连接。门槛值扩散模型揭示了弱连接优势,那些不常见到的人往往会形成一个社会网络的捷径[29]。他们会提供一些信息,如新的工作机会,这些信息我们通常没有机会通过其他的途径得知。但如果考虑一个新行为的传播,情况就非常不同了,采纳一项新行为不仅要首先认识它,还涉及新行为的门槛值。由此可知,社会网络中的桥节点具有双重特性,它们是传递新事物信息的有利途径,但会在传递有某种程度的风险或需要付出的行为时表现虚弱,节点需要确定有足够多的邻居采用后才会采用。

类桥节点(bridge-like node,BLN)是指在具有社团结构的网络图中节点至少有一个直接邻居节点属于其他社团结构的节点。在网络图中,类桥节点是处于网络社团结构边缘的节点,它们一方面能起到连接不同网络社团传递信息的作用,如把所在网络社团的信息传递到其他社团中;另一方面也能对传播的信息内容起到把关作用,如把来自其他网络社团的信息阻挡在所在网络社团之外。以图 5-5 为例来说明类桥节点。在图 5-5 中,共有 16 个节点,可划分为 4 个社团结构。移除节点 4 或 5 之后,网络图 5-5 会变得不连通,所以节点 4 和 5 为桥节点;节点 4、5、9、11、12、13 都有直接邻居节点和节点本身属于不同的社团结构,它们都是类桥节点。

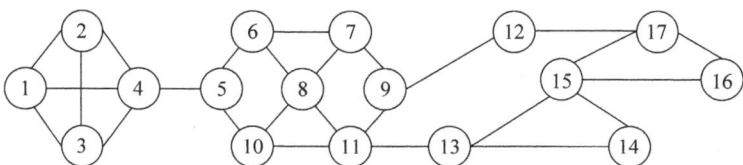

图 5-5 类桥节点示例图

类桥节点和桥节点相比具有以下特点:

(1)网络结构上的不同。在网络图中去掉桥节点(即割点),网络图就会变得不连通。根据类桥节点定义可知,类桥节点不一定是割点,类桥节点在网络图中至少有一个邻居节点属于其他社团结构。

(2)网络行为上的不同。桥节点和类桥节点都是具有社团结构的网络中处于紧密小团体边缘的节点,桥节点仅关注网络结构上连接不同紧密团体的结构特性;类桥节点不仅关注连接不同紧密团体的结构特性,也关注紧密团体中成员的行为特性。

类桥节点是处于网络社团结构边缘且对网络信息传播有较大影响力的节点。可以从节点的自身影响力和不处于同一网络社团的好友的影响力两方面来刻画有影响力的类桥节点。类桥节点的影响力指标定义为

$$I(\text{BLN}_i) = \beta \times I(\text{self}_i) + (1 - \beta) \times \sum_{j \in (Ne(i) - C_i)} I(\text{self}_i) \quad (5\text{-}6)$$

式中,β 为类桥节点影响力指标的权重系数,受网络传播信息内容和

网络节点用户行为的影响，β 的取值范围为 $[0,1]$。β 的取值体现了刻画类桥节点影响力受自身影响和周围邻居影响的依赖程度。当 $\beta=1$ 时，类桥节点的影响力依赖于节点自身的影响力；当 $\beta=0$ 时，类桥节点的影响力依赖于不在同一网络社团的邻居节点的影响力。$I(\text{self}_i)$ 为节点 i 自身的影响力，$\sum\limits_{j\in(Ne(i)-C_i)} I(\text{self}_i)$ 为与节点 i 不处于同一网络社团的好友的节点影响力之和。根据定义，类桥节点至少有一个不处于同一个网络社团的好友，即类桥节点满足：

$$\sum_{j\in(Ne(i)-C_i)} I(\text{self}_j) > 0 \tag{5-7}$$

5.4　影响力传播与影响力最大化

事实上，影响力在社会网络中的传播过程十分复杂，可通过影响力传播模型对影响力在社会网络中的传播过程进行刻画。社会网络中的信息传播模型和影响力传播模型描述的过程十分相似，独立级联模型和线性阈值模型是两种最经典的影响力传播模型。影响力最大化问题是指在网络中寻找影响力最大的节点子集（种子节点），这个子集中的节点可以使信息在某种模型下获得最大范围的传播。本节关注社会网络中影响力最大化问题，给出影响力最大化问题的定义、度量指标、对影响力最大化问题建立一般模型，介绍社会网络中影响力最大化问题的求解。

5.4.1　影响力传播模型

社会影响力传播模型是研究社会网络影响最大化问题的基础。社会网络中信息传播模型和影响力传播模型所描述的过程十分类似，现有的影响力传播模型主要有：独立级联模型、线性阈值模型、加权级联传播模型（weighted cascade model，WCM）、病毒传播模型（epidemic model）和博弈论传播模型（game theoretical model，GTM）等，其中最经典的两种影响力传播模型是独立级联模型（IC 模型）和线性阈值模型（LT 模型）。

独立级联模型是 Jacob Goldenberg 提出的一种概率模型[30]。在独立级联模型中，网络中节点包含活跃态与非活跃态两种状态，且网络中每一条边都有一个对应的概率 $P(u,v)$，表示节点 v 从非活跃态转化成活跃态的概率。节点从不活跃状态转变为活跃状态称为被激

活,且每个活跃态节点只有一次机会去激活非活跃态的邻居节点。设时刻为 t,则该模型的传播过程如下:

（1）当 $t=0$ 时,一个预先选好的初始节点集 S_0 被激活成活跃态,网络中的其他节点仍处于非活跃态。

（2）当 $t \geqslant 1$ 时,在上一时刻被激活的节点 u 会去激活它所有邻居中的非活跃态节点,如果激活成功,则节点状态将切换到活跃态;否则,则保持非活跃态。

（3）当某一时刻没有新节点被激活时,传播过程结束。

在 IC 模型中,节点每次激活其他节点的过程相互独立。IC 模型抽象概括了社交网络中节点之间独立交互影响的传播行为。

线性阈值模型是一个随机扩散的模型,体现了影响力的累积过程。与独立级联模型相似,LT 模型中的节点状态也包括活跃态与非活跃态[31]。模型中的每个节点都随机选取[0,1]中的值作为阈值,用来表示未激活节点被其他节点激活的难易程度。模型的描述过程如下:

（1）当 $t=0$ 时,一个预先选好的初始节点集 S_0 被激活成活跃态,网络中的其他节点仍处于非活跃态。

（2）当 $t \geqslant 1$ 时,在上一时刻被激活的节点 u 会去激活它所有邻居中的非活跃态节点,如果周围活跃态节点的影响力之和大于该节点的阈值,则该节点被激活成功。

（3）当某一时刻没有新节点被激活时,传播过程结束。

相比之下,LT 模型适合描述个体的行为受多个个体的影响的情况,IC 模型适合描述个体的行为只受一个个体的影响的情况。LT 模型模拟的是一个合作激活的过程,它反映了社会学中的社会强化效应,如当某个人周围大多数邻居接受新事物(观点、新闻、产品)时,他也会做出同样的选择。

IC 模型和 LT 模型是影响力传播应用最为广泛的模型,它们通过用户间社交关系及影响力分析用户间相互作用的规律,通过节点间社交关系的紧密度预测信息传播的成功概率,再考虑多个邻居用户对节点的共同影响力。这两个模型采用随机生成节点间的影响概率和信息量等模拟数据,虽然一定程度上反映了信息在节点间的传播方式,但无法对信息在网络中传播的深度和广度进行真实准确的描述。

5.4.2 影响力最大化

影响力最大化(influence maximization,IM)就是找到社会网络中少量的种子节点集合,使影响力在短时间内通过种子节点迅速传遍整个社会网络。Domingos 和 Richardson 等首次提出在社会网络中引入影响力最大化算法[32-33]。Kempe 等首先将影响力最大化形式化定义为在特定影响力传播模型中挖掘影响力大的 k 个节点的离散优化问题,证明了影响力最大化问题是一个 NP-hard 问题[34],并给出了贪心算法,近似最优解达到了 63%。

影响力最大化问题是指在网络中寻找影响力最大的节点子集(种子节点),这个子集中的节点可以使信息在某种模型下获得最大范围的传播。影响最大化问题的形式化定义为:给定一个社会网络 $G = (V, E)$,其中,V 和 E 分别表示节点集和边集。对于给定的正整数 k,如何从网络中选择 k 个节点组成的种子节点集 S,满足 $|S| = k$ 且 $S \subseteq V$。按照某种传播策略,使以 S 为种子节点产生的影响力延展度最大,即受到影响的节点数最大,记为 $\max\{\sigma(S) \mid |S| = k, S \subseteq V\}$,其中,$\sigma(S)$ 表示 S 最终影响的节点子集。

影响力最大化问题在数学上是一个组合优化问题,无论是基于独立级联模型还是线性阈值模型,求解该问题都是 NP 困难的,因而只能求其近似最优解。影响力最大化问题的提出引起了大量研究者的关注。Leskovec 等利用影响传播模型中的次模函数的特性提出的 CELF 算法比贪心算法的效率提高了几百倍[35]。Chen 等进一步基于节点的度提出了度减小(degree discount)优化算法,算法的实验结果与贪心算法相近,然而算法效率却得到了很大的提高[36]。Goyal 等提出了 CD(credit distribution)模型来解决影响力最大化问题,通过用户历史数据直接估计用户间的影响概率。相比于其他算法,避免了蒙特卡罗算法在学习用户间影响概率时的大量时间消耗[37]。曹玖新等基于节点 K 核分解和度提出了核覆盖(core cover algorithm,CCA)模型,在选取新的种子节点时优先选择与已选节点距离较远且核数较大的节点,若核数相同则优先选取度数较大的节点[38]。Liu 等在研究时间限制下的影响力最大化问题时,用概率分布来表示节点间在不同时间段上的影响力,并提出了影响力传递路径(influence spreading path)以解决影响力最大化问题[39]。

影响力最大化问题自提出以来一直是研究热点,无论是模型的精度还是效率都得到了不断提高。然而在传播模型中,用户间的影响力传播概率通常在一定范围内随机取值,而模型没有考虑真实社会网络中用户之间传播率的差异性,导致在真实网络中的适用性不高。如何利用用户的历史数据和机器学习等方法来度量用户间的影响概率是当前影响力最大化研究仍需要解决的问题之一。

5.4.3 社会网络中影响力最大化问题求解

社会网络中影响力最大化问题研究即如何从社会网络中选择一组最具有影响力的节点,使它们能够在特定的传播模型下激活尽可能多的周围节点,并使整个网络中激活的节点数量最大化。面向社会网络开展影响力最大化问题研究,在产品营销、疾病控制、谣言管控和个性化推荐等方面具有重大理论研究意义和实际应用价值。

影响力最大化问题需要基于特定的传播模型来描述信息在网络中的传播过程。Domingos 和 Richardson 第一次将影响力最大化问题从算法角度来研究[33],利用马尔可夫随机场理论对问题进行建模,之后针对给定节点影响力传播范围的评估和如何优化选择最有影响力的节点集两方面问题开展了一系列工作,并提出了大量有代表性算法来解决这些问题。现有的算法有基于贪心策略的算法、基于中心性指标的启发式算法、基于社团划分的算法、基于深度学习的算法等。

为得到合适的种子集,Kempe 等首先基于 IC 模型和 LT 模型提出了一种贪心算法,为能有效解决影响力最大化问题的算法提供了可证明的近似证明[34]。Leskovec 等根据优化函数的子模特性提出了一种改进且高效的贪婪算法:CELF 算法[35]。Chen 等提出了两种新的贪心算法:NewGreedy 算法和 MixGreedy 算法[36]。与传统的贪心算法相比,这些算法虽然在运行时间上有一定程度的减少,但在处理大规模社会网络时仍然存在耗时较长的问题。

为了高效获取影响力节点信息,研究人员提出了一系列基于中心性指标的启发式算法。基于中心性指标启发式算法的基本思路是根据给定的节点中心性指标依次选择排序前 k 个节点作为最有影响力的节点集。但是仅依赖拓扑中心性指标选择的节点往往在网络中呈现出聚集特点,节点的影响力传播会出现重叠现象,导致算法结果不准确。基于网络拓扑中心性指标的启发式算法能够在较短时间锁定有影响力的节点,但这类算法往往求解质量不高,在性能上缺乏理论保证,并且获得结果也可能因应用网络不同而有所不同。

社会网络中往往都存在社团结构,社团内节点连接紧密,社团之间节点连接稀疏,信息在社团内部更容易传播,所以社团结构对社会网络中节点影响力有比较重要的影响。Galstyan 等研究了具有松散耦合社团的网络中节点影响力扩散行为,体现了网络中的社团结构在节点影响力传播中发挥的重要作用[40]。Wang 等通过引入传播概率改进传统的标签算法划分社团结构,提出了基于社团的贪心算法 CGA[41]。为保证节点影响力计算法的准确,CGA 采用了基于贪心策略的算法,在一定程度上降低了算法的时间效率。鉴于此,Song 等提出了并行策略的算法 PCA,对 CGA 算法进行扩展,提升了算法效率[42]。Zhang 等利用边渗流理论构建网络的信息转移概率矩阵,根据 k-medoid 聚类方法利用信息转移概率进行聚类,选出 k 个聚类中心作为优选的种子节点集[43]。Shang 等将节点的影响力量化为其直接邻居的传播能力和直接邻居在其所属社团内部的传输能力,并提出了基于社团的 CoFIM 算法[44]。在此基础上,Shang 等又进一步扩展了节点影响力的表示,提出了一种多邻居节点影响力潜能的影响力评估框架 IMPC[45]。基于社团划分的影响力最大化算法通常假设不同的社团是孤立的,他们自然的支持并行化,所以,基于社团划分的影响力最大化算法一般具有比传统的贪心算法更高的效率。然而,这些算法往往利用节点在其社团中的影响传播来近似节点在整个网络上的影响力,因此,算法的准确性比较依赖于社团结构的划分,社团结构划分得是否合理对种子节点的选择有巨大的影响。

社会网络中网络规模大和节点个体复杂常常会导致在网络上执行任何有意义和有效的任务都需要付出巨大的计算成本。在图嵌入(graph/network embedding)和图神经网络(graph neural network,GNN)中有类似的研究领域。图嵌入的目的是得到节点或者整个网络图的低维特征向量,图神经网络是一些用来端到端处理图数据相关任务的图模型。一些基于深度学习的图嵌入同时也属于图神经网络,如基于图自编码器和利用无监督学习的图卷积神经网络等。近年来,基于深度学习的技术解决社会网络中影响力最大化的问题,取得了良好的整体性能。Panagopoulos 等提出了 IMINFECTOR,使用扩散级联的日志来嵌入扩散概率,基于扩散概率的贪婪算法找到最有影响力的种子集[46]。Yu 等提出了一种基于图卷积网络的方法来解决影响力最大化问题,其中每个节点都会生成一个特征矩阵,并使用卷积神经网络来训练和预测节点的影响[47]。Sanjay Kumar 等利用图嵌入和图神经网络的思想,提出了一种新的方法 SGNN 来解决影响力最大化问题,该方法将影响力最大化问题解释为伪回归任务[48]。在算法的初始阶段使用 struc2vec 节点嵌入来为网络中每个节点生成嵌入,然后开发图神经网络的消息传递系统,从 struc2vec 生成的节点嵌入被传递到基于 GNN 的回归器上。在易感染恢复和独立级联信息扩散模型下,通过计算每个节点的影响来获得训练回归任务的 GNN 所需的标签。最后,根据预测的影响选择前 k 个节点,从而选择大小为 k 的种子集。在此工作上,Sanjay Kumar 等又提出了一种基于图形的长短期记忆(long-short term memory,LSTM)使用迁移学习的 IM 新方法[49]。该方法首先计算了三种流行的节点中心度方法作为网络中节点的特征向量和每个节点在 SIR 信息扩散模型下的个人影响力,形成网络中节点标签。将生成的特征向量与其对应的节点标签输入基于图的长短期记忆模型以学习模型参数。训练好图的 LSTM 模型可用于预测目标网络节点的传播影响。该工作提出了一种基于端到端图的 LSTM 影响力最大化框架,该框架只需在相对较大规模的 BA 无标度网络模型上训练一次,就可以用于各种现实数据集以实现影响力最大化。

影响力分析在理解网络中节点的行为特征,对于揭示网络中的传播动力学规律及网络拓扑演变方面起着重要作用。作为影响力分析的主要研究内容之一,影响力最大化问题旨在给定网络中以一定的策略选择出一组种子节点集,在给定传播模型下,使选择的种子节点集的影响力传播范围最大。传统的影响力最大化算法主要是基于贪心策略和算法与基于中心性策略的启发式算法。基于贪心策略的算法通常会在理论保证下产生更好的结果,但计算量很大;而基于中心性策略的启发式算法计算简单且有效,然而此类方法常被认为是一种临时方法,在性能上缺乏理论保证。面向社会网络已引入了许多基于社区结构的影响力最大化算法,此类算法中假设社区之间是独立的,使用节点中心性的思想或基于贪婪的方法。近年来,利用基于深度学习的技术解决影响力最大化的问题取得了良好的效果。

参考文献

[1]　TRIPLETT N. The Dynamogenic Factors in Pacemaking and Competition [J]. American Journal of Psychology,1898,9(4):507-533.

[2]　Social Influence:The Blackwell Encyclopedia of Psychology[M]. Malden:Blackwell Publishing,2007.

[3]　KATZ E,LAZARSFELD P F. Personal Influence,the Part Played by People in the Flow of Mass Communications[M]. New York:Free Press,1955.

[4]　GRANOVETTER M S. The Strength of Weak Ties[J]. American Journal of Sociology,1973,78(6):1360-1380.

[5]　KRACKHARDT D. The strength of strong ties:The importance of Philos in organizations[M]. Networks in the Knowledge Economy,1992.

[6]　BONACICH P F. Factoring and weighting approaches to status scores and clique identification[J]. Journal of Mathematical Sociology,1972,2(1): 113-120.

[7]　FREEMAN L C. A set of measures of centrality based on betweenness[J]. Sociometry,1977,40(1):35-41.

[8]　SABIDUSSI G. The centrality index of a graph[J]. Psychometrika,1966, 31(4):581-603.

[9]　BERKHIN P. A survey on Pagerank computing[J]. Internet Mathematics, 2005,2(1):73-120.

[10]　KLEINBERG J M. Authoritative sources in a hyperlinked environment[J]. Journal of the ACM,1999,46(5):604-632.

[11]　FREEMAN L C. Centrality in social networks conceptual clarification[J]. Social Networks,1978,78(1):215-239.

[12]　ZHANG J,TANG J,LI J,et al. Who influenced you? Predicting retweet via social influence locality[J]. Transactions on Knowledge Discovery from Data,2015,9(3):1-26.

[13]　TAN C,JIE T,SUN J,et al. Social action tracking via noise tolerant time-varying factor graphs[C]//Proceedings of the Acm Sigkdd International Conference on Knowledge Discovery & Data Mining. ACM,2010:1049-1058.

[14]　毛佳昕,刘奕群,张敏,等. 基于用户行为的微博用户社会影响力分析[J]. 计算机学报,2014,37(4):791-800.

[15]　丁兆云,周斌,贾焰,等. 微博中基于多关系网络的话题层次影响力分析 [J]. 计算机研究与发展,2013,50(10):2155-2175.

[16]　LI Y,ZHANG J,MENG X F,et al. Quantifying the influence of websites based on online collective attention flow[J]. 计算机科学技术学报:英文 版,2015,30(6):1175-1187.

[17]　王利,吴渝,于磊. 基于Swarm模型的微博用户影响力评价方法[J]. 计算机工程与应用,2021,57(2):267-272.

[18]　黄贤英,阳安志,刘小洋,等. 一种改进的微博用户影响力评估算法[J]. 计算机工程,2019,45(12):294-299.

[19]　段松青,吴斌,王柏. TTRank:基于倾向性转变的用户影响力排序[J]. 计算机研究与发展,2014,51(10):2225-2238.

[20]　樊兴华,赵静,方滨兴,等. 影响力扩散概率模型及其用于意见领袖发现研究[J]. 计算机学报,2013,36(2):360-367.

[21]　SONG X,YUN C,HINO K,et al. Identifying opinion leaders in the blogosphere[C]. Proceedings of the Sixteenth Acm Conference on Conference on

Information & Knowledge Management. 2007：971-974.

[22] PENG H K,ZHU J,PIAO D,et al. Retweet Modeling Using Conditional Random Fields[C]. Proceedings of the IEEE International Conference on Data Mining Workshops. IEEE,2011：336-343.

[23] BURT R S. Structural holes：the social structure of competition[M]. Structural holes：the social structure of competition,1995.

[24] BURT R S. Structural holes[M]. Harvard University Press：1992,12,31.

[25] SU X P,SONG Y R. Leveraging neighborhood "structural holes" to identifying key spreaders in social networks[J]. 物理学报,2015,64(2)：1-11.

[26] HAN Z M,WU Y,TAN X S,et al. Ranking key nodes in complex networks by considering structural holes[J]. Acta Physica Sinica,2015,64(5)：429-437.

[27] YANG Y,TANG J,LEUNG W K,et al. RAIN：Social role-aware information diffusion[J]. AAAI Press,2015：367-373.

[28] 赵之滢,于海,朱志良,等. 基于网络社团结构的节点传播影响力分析[J]. 计算机学报,2014,37(4)：753-766.

[29] 李黎,王墨华,王小明,等. 一种基于删边聚簇的非法或有害网络信息传播控制方法[P]. 中国,CN110826003A. 2020-20-21.

[30] GOLDENBERG J,MULLER L E. Talk of the Network：A Complex Systems Look at the Underlying Process of Word-of-Mouth[J]. Marketing Letters,2001,12(3)：211-223.

[31] GRANOVETTER M. Threshold Models of Collective Behavior [J]. American Journal of Sociology,1978,83(6)：1420-1443.

[32] DOMINGOS P,RICHARDSON M. Mining the network value of customers [J]. New York：ACM Press,2001：57-66.

[33] RICHARDSON M,DOMINGOS P. Mining knowledge-sharing sites for viral marketing[J]. New York：ACM Press,2002：61-70.

[34] KEMPE D. Maximizing the spread of influence through a social network [P]. Knowledge discovery and data mining,2003.

[35] LESKOVEC J,KRAUSE A,GUESTRIN C E,et al. Cost-effective outbreak detection in networks[C]. Proceedings of the Berlin：Springer-Verlag,2017：420-429.

[36] CHEN W,WANG Y,YANG S. Efficient influence maximization in social networks[C]. Proceedings of the Berlin：Springer-Verlag,2009：199-208.

[37] GOYAL A,BONCHI F,LAKSHMANAN L V S. A Data-Based Approach to Social Influence Maximization[J]. Proceedings Of The Vldb Endowment,2011,5(1)：73-84.

[38] 曹玖新,董丹,徐顺,等. 一种基于k-核的社会网络影响最大化算法[J]. 计算机学报,2015,38(2)：238-248.

[39] LIU B, CONG G, ZENG Y, et al. Influence Spreading Path and Its Application to the Time Constrained Social Influence Maximization Problem and Beyond [J]. IEEE Transactions on Knowledge & Data Engineering,2014,26(8): 1904-1917.

[40] GALSTYAN A, MUSOYAN V, COHEN P. Maximizing influence propagation in networks with community structure[J]. Physical Review E, Statistical,nonlinear,and soft matter physics,2009,79(5 Pt 2): 056102.

[41] WANG Y,CONG G,SONG G,et al. Community-based greedy algorithm for mining top-K influential nodes in mobile social networks [C]. Proceedings of the 16th ACM SIGKDD international conference on Knowledge discovery and data mining. Washington,DC,USA: ACM. 2010: 1039-1048.

[42] SONG G,ZHOU X,WANG Y,et al. Influence maximization on large-scale mobile social network: a divide-and-conquer method[J]. IEEE Transactions on Parallel and Distributed Systems,2015,26(5): 1379-1392.

[43] ZHANG X, ZHU J, WANG Q, et al. Identifying influential nodes in complex networks with community structure[J]. Knowledge-Based Systems, 2013,42: 74-84.

[44] SHANG J,ZHOU S,LI X,et al. CoFIM: A community-based framework for influence maximization on large-scale networks[J]. Knowledge-Based Systems,2017,117: 88-100.

[45] SHANG J,WU H,ZHOU S,et al. IMPC: Influence maximization based on multi-neighbor potential in community networks[J]. Physica A: Statistical Mechanics and its Applications,2018,512: 1085-1103.

[46] PANAGOPOULOS G,MALLIAROS F,VAZIRGIANNIS M. Multi-task learning for influence estimation and maximization[J]. IEEE Transactions on Knowledge & Data Engineering,2020,99: 1-1.

[47] YU E Y,WANG Y P,FU Y,et al. Identifying critical nodes in complex networks via graph convolutional networks[J]. Knowledge-Based Systems, 2020: 105893.

[48] KUMAR S,MALLIK A,KHETARPAL A,et al. Influence maximization in social networks using graph embedding and graph neural network[J]. Information Sciences,2022,607: 1617-1636.

[49] KUMAR S,MALLIK A, PANDA B S. Influence maximization in social networks using transfer learning via graph-based LSTM [J]. Expert Systems with Applications,2023,212: 118770.

第**6**章

基于网络拓扑重构提升网络可生存性方法

突发公共事件的快速反应和应急处置对我国国民经济发展和社会稳定至关重要。网络化基础设施在突发事件下的鲁棒性、有效性和可生存性是突发公共事件快速反应和应急处置的基础与关键[1-3]。因此,研究针对关键网络基础设施的有限网络资源的优化配置具有重大的研究价值和现实意义。本章围绕给定网络拓扑结构和有限添加边资源,如何优化配置有限边资源使重构后的网络拓扑结构具有最优可生存性问题开展研究。首先明确网络可生存性的量化评估指标,以移除节点后网络结构的鲁棒性和有效性为优化目标,提出网络拓扑重构优化问题的建模与解决方法。同时在给定资源代价的约束下,为实现添加边资源配置效率的最大化,提出优先配置节点加强保护圈的启发式方法。

6.1 网络可生存性问题建模

在明确网络系统可生存目标的基础上,建立一个广泛适用的网络可生存性优化模型。给定网络拓扑结构和有限的添加边资源,如何合理地配置可利用的添加边,使重构后网络拓扑结构具有兼顾网络效率和鲁棒性的最优可生存性?这个网络拓扑重构的优化问题是研究的核心问题,对该问题的建模和分析是本节开展增强网络可生存性研究的基础。

6.1.1 网络可生存性多目标优化问题

建立增强网络可生存性的优化模型首先要明确网络系统可生存的目标,分析网络资源成本约束和不确定网络环境对网络系统可生存目标的影响。从网络生存的短期目标来看,网络系统的运行首先追求高效率。很显然,只有高的业务效率才能带来高的效益。然而,在网络系统所处的内外部环境中,各种恶意攻击事件、突发意外事故频发,网络时刻可能遭受不同程度的破坏。为了维持网络全部或部分关键服务,从长期目标来看,网络系统生存依赖于网络在抵御故障和攻击情况下的网络鲁棒性。值得注意的是,在网络资源成本的约束下,网络系统生存的短期和长期目标是相互冲突的,即当网络代价一定时,提高网络有效性和网络鲁棒性往往是彼此冲突的目标。

因此,在可利用资源有限的约束下,增强网络系统的可生存性,需要均衡网络有效性和网络鲁棒性这两方面目标。本书认为,在不确定的网络环境中,建立增强网络可生存性的优化模型应考虑:①网络系统生存追求高的网络效率;②网络系统生存依赖高的网络鲁棒性;③受网络资源成本的约束;④适应网络环境的变化。

根据网络系统的生存目标及受资源成本和环境影响的因素,建立网络可生存性的多目标优化模型:

$$\begin{cases} \max \ \eta_{\text{eff}} \\ \max \ \eta_{\text{rob}} \\ \text{s. t. } C \leqslant C_0 \end{cases} \quad (6\text{-}1)$$

可使用定量加权法把上述的多目标优化问题转化为单目标优化问题:

$$\max(1-\alpha)\eta_{\text{eff}} + \alpha\eta_{\text{rob}}, \quad \text{s. t. } C \leqslant C_0 \quad (6\text{-}2)$$

式中,η_{eff} 为网络有效性,反映网络服务性能的高低;η_{rob} 为网络鲁棒性,反映网络抵抗攻击的网络功能可用性;C 为网络资源成本,满足不大于给定的资源成本约束 C_0;加权系数 α 受不确定环境影响,取值为[0,1]。

在增强网络可生存性的优化模型中,为最大化网络系统的可生存性,需降低网络成本,减少网络资源消耗。当网络代价一定时,可通过调整 α 的取值适应网络环境的变化,优化网络系统生存目标对网络有效性和网络鲁棒性的依赖程度。

式(6-2)是增强网络可生存性优化模型的一般形式,可根据可生存性研究的特定对象明确可生存目标所依赖的系统有效性和系统鲁棒性的具体形式,建立具有特性的可生存性系统的优化模型。

综上所述,网络可生存性的优化模型具有以下特点:

(1)网络系统的生存目标适应环境需求变化。在不确定的网络环境中,网络系统的可生存能力对网络效率和网络鲁棒性的依赖程度不同。当网络环境较优时,网络生存关注网络性能,追求最优的服务效率;当网络环境恶劣时(针对选择性攻击),网络生存关注并依赖于网络鲁棒性。

(2)考虑资源成本。在网络资源成本的约束下,能有效均衡网络效率和网络鲁棒性多个目标。追求高效率和高鲁棒性往往是相互冲突的,如星型结构的传输效率非常显著但抵抗选择性攻击的鲁棒性最差;而环型结构在鲁棒性方面有优势,但网络传输效率不理想。

(3)具有广泛的适用性。网络系统可生存优化模型具有一般性,可根据特定可生存性研究内容进行扩展和具体化,建立有特性的网络可生存性优化模型。

(4)能够为评估和增强网络可生存性的研究提供有益指导。如在网络资源受限时,计算如何优化配置网络资源以尽可能提高网络可生存性。

可生存性本身是一个综合性概念,包含多方面研究目标,网络系统在整个生命周期内适应网络环境的可生存能力,可通过网络生存适应的多目标来反映。增强网络系统可生存的多目标优化建模依赖网络有效性、网络鲁棒性、网络资源成本及网络环境这些重要因素。

6.1.2 拓扑重构的优化问题建模

网络拓扑重构(network topology reconfiguration with limited link addition,NTRLA)是改善网络基础设施的可靠性、扩展性和可生存性的一种非常有效的方法[4-6]。与"添加边问题"及其变型问题[7]仅仅考虑静态网络中如何添加尽可能少的边而改善网络传输效率不同,本书提出网络拓扑重构的优化问题,研究在故障或攻击情况下的动态网络中如何配置有限的添加边资源以增强网络结构的可生存性,不仅关注网络的传输效率,也关注网络抵抗攻击的鲁棒性。

本书提出的基于有限添加边的网络拓扑重构优化问题可形式化描述为:给定网络拓扑图 $G(V,E)$ 和正整数 q,如何合理配置有限添加边集 $E'(|E'| \leqslant q, E' \cup E = \varnothing)$,使重构后的图 $G'(V,E \cup E')$ 具有最优网络可生存性。其中,网络可生存性用指标 Γ 来衡量,即 $\Gamma(G')$ 有最大值。

在有限添加边资源约束下,建模 NTRLA 优化问题:

$$\begin{cases} \max \Gamma(G'(V, E \bigcup E')) \\ \mathrm{s.\,t.\,} E' = \{(u_1, v_1), (u_2, v_2), \cdots, (u_q, v_q)\}, \quad u_i, v_i \in V, \\ u_i \neq v_i, (u_i, v_i) \notin E, \quad i \in [1, q] \end{cases}$$

$$(6\text{-}3)$$

式中,可生存性指标 $\Gamma(0 < \Gamma \leqslant 1)$ 量化刻画了节点移除对网络连通鲁棒性和传输有效性的影响,反映了网络系统维持网络功能、适应环境变化的能力。

通过一个简单示例来描述 NTRLA 问题。如图 6-1 所示,$E' = \{(1, 6), (1, 7), (1, 8), (2, 9), (3, 9), (4, 6), \cdots\cdots\}$ 表示可利用的添加边集。从图 6-1(a)可以看出,移除节点 5 或 7 会使图不连通,而在图 6-1(b)中添加一条边 $(2, 9) \in E'$ 之后,节点 5 或 7 的移除不再会使图 6-1(a)不连通,并且移除任意单个节点对图中其他节点距离影响也不再明显。相比于其他添加边策略,优先添加边 $(2, 9)$ 既不会改变图中节点度的最大值,也能最大限度地改善单个节点移除和局部相邻多个节点移除情况下的网络可生存性。图 6-1 展示了仅通过添加一条边 $(q = 1)$ 优化给定网络拓扑结构图的示例。

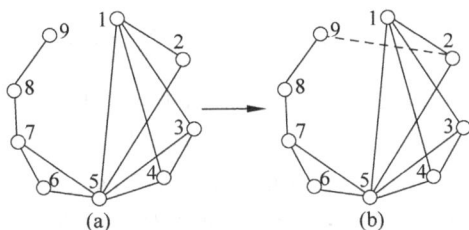

图 6-1　添加一条边优化网络拓扑结构图的示例

(a) 初始图;(b) 一条合适的添加边

6.2　网络可生存性量化评估及性能分析

基于增强网络可生存性的优化模型,本节提出了一种联合网络有效率、网络鲁棒性、网络结构冗余性和环境因素多指标优化的网络可生存性评估方法[8]。该方法避免了仅依靠单一度量指标进行可生存性评估的不足,不仅能够有效度量不同网络结构在动态环境下的可生存能力,还能进一步为网络拓扑结构的优化和重构提供指导。

6.2.1　网络可生存性评估

网络遭遇故障或攻击相当于从网络拓扑图中移除某些节点或边,这通常会影响网络中最短路径和节点间的连接程度的变化,使网络传输性能和网络连通性发生变化。当网络遭遇故障或攻击时,网络中的传输行为(如包传输、负载分配等)和网络中节点之间的连接程度都可能受到影响。网络直径、平均路径长度和接近度等指标常用来反映网络传输性能,而连接度、最大连通子图、核度等指标常用来反映网络的连通可用性。但是单独用任何一个量来描述仅能从某方面反映网络可生存性所依赖的网络特性,不能全面反映网络可生存适应能力的真实情况。

从网络中节点传输信息的有效性及节点连接程度抵御节点故障能力的两个方面,提出衡量网络效率和网络鲁棒性的测度指标。给定网络拓扑图 $G=(V,E)$,$n=|V|$ 表示网络中的节点数,$m=|E|$ 表示网络中边数。

定义 6-1　网络有效率指标(network efficiency,η_E)为网络中任意两个节点之间路径长度倒数之和的平均值,即

$$\eta_E = \frac{1}{n(n-1)} \sum_{i \in G} \sum_{j \neq i \in G} \frac{1}{d_{ij}} \tag{6-4}$$

式中,如果节点 i 和 j 之间不存在路径,则 d_{ij} 为 ∞,$1/d_{ij}=0$。

网络有效率指标中对两点间最短路径长度取倒数避免了两节点不连通时最短路径长度为 ∞ 的情况,克服了网络直径、平均路径长度指标不适用于网络被分割的问题。网络有效率指标描述了网络中信息的传播能力,较短的距离意味着更少的信息传递时间和花费。在动态网络中,有效率越高,信息在网络中越容易传输。

本书把网络中移除节点 k 后(即移除该节点及与该点直接相连的边)仍连通的节点对占网络总节点对数目的比称为移除节点 k 的网络鲁棒性指标,用式(6-5)表示:

$$n_R(G_k) = \frac{1}{(n-1)(n-2)} \sum_{i \in G_k} \sum_{j \neq i \in G_k} l_{ij} \tag{6-5}$$

式中,G_k 为移除节 k 后的网络子图;l_{ij} 为图 G_k 中节点 i 到 j 的连通参数。若节点 i 到 j 有路径,则 $l_{ij}=1$,否则 $l_{ij}=0$。移除节点 k 的网络鲁棒性指标描述了移除该节点后网络的连通性,反映了网络被分割的情况。$\eta_R(G_k)$ 取值为 $[0,1]$,$\eta_R(G_k)$ 值越小,移除节点 k 后网络中不连通的节点对越多,网络被分割程度越严重。

现实中对网络进行攻击破坏的方式很多,比较典型的是随机故障和选择性攻击。随机故障常指随机地移除网络的节点,与此相比,选择性攻击通常是有意识地移除网络中节点度最高的节点。考虑到不同的破坏方式,用 $q(k)$ 表示节点 k 在不确定网络环境下被移除的概率,$q(k)=1/n$ 可用来表示随机故障下节点 k 移除的概率。

定义 6-2　网络鲁棒性指标(network robustness,η_R)用来衡量移除任意一个节点后网络中剩余节点之间仍能保持连通能力的平均影响,也就是移除任意节点后网络中仍连通的节点对占网络总节点对数目比的均值,即

$$\eta_R = \sum_{k \in G} q(k) \frac{1}{(n-1)(n-2)} \sum_{i \in G_k} \sum_{j \neq i \in G_k} l_{ij} \tag{6-6}$$

网络鲁棒性指标刻画了在不同破坏方式下整体网络连通性受到的破坏情况,克服了最大连通子图不能描述网络中剩余结构连通状况的问题[9]。

假设网络拓扑图中连接边的代价相同,连通 n 个节点,需要 $n-1$ 条边。若连接边多于 $n-1$ 条,则冗余的边会增加网络投入的成本。

定义 6-3　网络结构冗余性指标(redundancy index,β)为图 G 中的多余边数(网络拓扑图中实际边数与其最小连通树的边数差值)与同规模完全图中多余边数的比,即

$$\beta = \begin{cases} 0, & m < n-1 \\ \dfrac{m-(n-1)}{1/2n(n-1)-(n-1)}, & m \geqslant n-1 \end{cases} \tag{6-7}$$

式中,m 为图 G 中实际边数;$n-1$ 为连通网络最小连通树的边数。β 的取值为 $[0,1]$,当 $\beta=1$ 时,图 G 为完全连通图。

在定义衡量网络效率、网络鲁棒性和网络代价的具体指标 η_E、η_R、β 的基础上,根据网络可生存性的优化模型,定义一种量化的满足网络可生存性多目标评估需求的网络生存适应性指标。

定义 6-4　网络拓扑图 G 的生存适应性指标 Γ(survival fitness metric)定义为

$$\Gamma(G) = (1-\alpha) \cdot \eta_E + \alpha \cdot \eta_R - \beta \tag{6-8}$$

式中,η_E 为网络效率指标;η_R 为网络鲁棒性指标;β 为网络结构冗余性指标;α 为加权系数。

网络生存适应性通过调整 α 的取值来均衡网络生存对网络效率和网络鲁棒性的依赖,适应环境变化,进而对网络可生存性进行评估。其中,$\alpha=0$ 表示良好的网络环境,网络生存追求最优网络效率而不妥

协考虑连通鲁棒性;$\alpha=1$ 表示恶劣的网络环境,网络生存完全依赖于网络鲁棒性;$\alpha=0.5$ 表示随机故障的网络环境,网络生存兼顾网络效率和连通鲁棒性。一般认为网络被分割带来的影响大于网络中最短路径增加,因为最短路径的增加还可能提供满足需求的基本服务,而网络被分割则意味着节点对之间通信彻底中断,网络服务失效。所以,一般取 $\alpha=0.7\sim0.8$,表示选择性攻击下的网络环境,其网络生存更依赖于网络鲁棒性。

6.2.2　网络可生存性多目标量化评估方法

将网络鲁棒性、网络有效性和网络代价多个优化目标结合起来,提出多目标量化评估网络结构可生存性方法,避免仅依靠单一度量指标进行评估的不足。考虑到有限资源的约束,提高网络鲁棒性和有效性是冲突的目标,如何确定各目标函数的权重是需要解决的关键问题。

一般多目标优化问题由一组目标函数和相关的一些约束组成,可作如下数学描述:

$$\begin{cases} \max_{\boldsymbol{X}\in\Omega}F(\boldsymbol{X})=(f_1(\boldsymbol{X}),f_2(\boldsymbol{X}),\cdots,f_m(\boldsymbol{X})) \\ \text{s.t. } g_i(\boldsymbol{X})\leqslant 0, \quad i=1,2,\cdots,p, \quad X\in\Omega\subset R^n \end{cases} \quad (6\text{-}9)$$

式中,$\boldsymbol{X}=(\boldsymbol{X}_1,\boldsymbol{X}_2,\cdots,\boldsymbol{X}_n)^{\mathrm{T}}$ 是 R^n 空间的 n 维向量,称 $\boldsymbol{X}$ 所在的空间 Ω 为问题的决策空间;$f_i(\boldsymbol{X})(i=1,2,\cdots,m)$ 为问题子目标函数。它们之间是相互冲突的,即不存在 $\boldsymbol{X}\in\Omega$ 使 $(f_1(\boldsymbol{X}),f_2(\boldsymbol{X}),\cdots,f_m(\boldsymbol{X}))$ 在 $\boldsymbol{X}$ 处同时取最大值,m 维向量 $(f_1(\boldsymbol{X}),f_2(\boldsymbol{X}),\cdots,f_m(\boldsymbol{X}))$ 所在的空间称为问题的目标空间,$g_i(\boldsymbol{X})\leqslant 0(i=1,2,\cdots,p)$ 为约束函数。

建立提升网络可生存性的优化模型首先要明确网络系统可生存的目标,分析网络资源成本约束和不确定网络环境对网络系统可生存目标的影响。网络系统生存追求高的网络效率,也依赖高的网络鲁棒性。根据网络系统的生存目标及受资源成本和环境影响的因素,建立网络可生存性的多目标优化模型:

$$\begin{cases} \max \eta=(\eta_{\text{eff}},\eta_{\text{rob}}) \\ \text{s.t. } C\leqslant C_0 \end{cases} \quad (6\text{-}10)$$

可使用定量加权法把上述的多目标优化问题转化为单目标优化问题:

$$\begin{cases} \max(1-\alpha)\eta_{\text{eff}} + \alpha\eta_{\text{rob}} \\ \text{s.t. } C \leqslant C_0 \end{cases} \quad (6\text{-}11)$$

式中，η_{eff} 为网络效率，反映网络服务性能的高低；η_{rob} 为网络鲁棒性，反映网络抵抗攻击的可用性；C 为网络资源成本，满足不大于给定的代价约束 C_0；加权数 α 受不确定环境影响，取值为 $[0,1]$。在网络代价一定时，可通过调整 α 的取值适应环境变化，优化网络生存目标对网络效率和网络鲁棒性的依赖程度。

式(6-11)是提升网络可生存性优化模型的一般形式，具有广泛的适用性，可根据可生存性研究的特定对象明确可生存目标所依赖的有效性和鲁棒性的具体形式，建立具有特性的可生存性系统的优化模型。本章中，网络拓扑重构的目标可通过网络生存的目标来反映，在变化的网络环境中，网络拓扑重构首先要保证网络在节点或链路失效后网络的连通能力(反映网络生存依赖网络鲁棒性)，网络拓扑重构也要优化网络的传输性能(反映网络生存追求网络效率)。

考虑到对网络中节点移除的两种典型策略，网络有效率指标可分为随机故障下的平均有效率 E_{ave} 和选择性攻击下的最差有效率 E_{wor}；网络鲁棒性指标也可分为随机故障下的平均鲁棒性 R_{ave} 和选择性攻击下的最差鲁棒性 R_{wor}。

$$E_{\text{ave}}(G) = \frac{1}{n}\sum_{k \in G}\eta_{\text{E}}(G_k) \quad (6\text{-}12)$$

$$E_{\text{wor}}(G) = \min_k \eta_{\text{E}}(G_k) \quad (6\text{-}13)$$

$$R_{\text{ave}}(G) = \frac{1}{n}\sum_{k \in G}\frac{\text{Num}(G_k)}{\text{Num}(G)} \quad (6\text{-}14)$$

$$R_{\text{wor}}(G) = \min\frac{\text{Num}(G_k)}{\text{Num}(G)} \quad (6\text{-}15)$$

式中，$\eta_{\text{E}}(G_k)$ 为图 G_k 中任意两节点之间路径长度倒数之和的平均值；$\text{Num}(G_k)$ 为图 G_k 中仍连通的节点对数目；$\text{Num}(G)$ 为连通图 G 中的节点对数目。针对不确定的网络环境，网络可能遭遇的随机故障和选择性攻击，网络拓扑结构的可生存性评估可侧重讨论网络在平均情况下的生存适应性 Γ_{ave} 和最坏情况下的生存适应性 Γ_{wor}。给定网络拓扑图 G，当 β 一定时，Γ_{ave} 和 Γ_{wor} 可描述为

$$\Gamma_{\text{ave}}(G) = 0.5E_{\text{ave}}(G) + 0.5R_{\text{ave}}(G) \quad (6\text{-}16)$$

$$\Gamma_{\text{wor}}(G_k) = 0.2\eta_{\text{E}}(G_k) + 0.8R_{\text{wor}}(G_k) \quad (6\text{-}17)$$

在选择性攻击情况下,网络生存更依赖于网络鲁棒性。对于 $\eta_E(G_k) \leqslant \eta_E(G_{k'})$,只有当移除节点 k 和 k' 的网络鲁棒性指标相同时,才认为移除节点 k 比节点 k' 的情况更严重。

6.2.3 可生存性评估性能分析

1. 典型网络拓扑可生存性分析

首先考察当网络结构冗余性指标 $\beta=0$ 或 β 非常小时,一些典型的网络拓扑结构的可生存性。图 6-2 所示节点数 $n=30$,边数 $m=29$,30,其中图 6-2(e)是五边 Hub 型结构。为归一化不同拓扑结构的网络有效率,定义相对有效率 η_{RE} 为拓扑自身的网络有效率与同规模星型拓扑网络有效率的比。

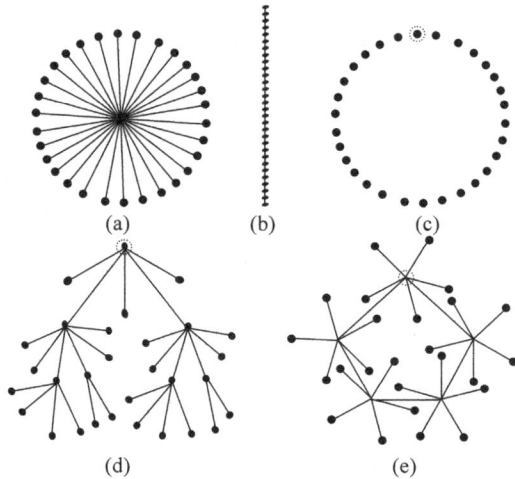

图 6-2 典型网络拓扑结构

(a) 星型;(b) 线型;(c) 环型;(d) 树型;(e) 五边 Hub 型

表 6-1 对比了平均路径长度 APL、相对有效率指标 η_{RE}、最大连通子图中平均路径长度 APL_{max} 及规模 LCC,平均鲁棒性 R_{ave} 和最差鲁棒性 R_{wor} 下的各网络拓扑特性,并给出了图 6-2 中典型网络拓扑的可生存性评估指标(平均生存适应性 Γ_{ave} 和最差生存适应性 Γ_{wor})。在连通的网络拓扑图中,η_{RE} 与常用来衡量网络传输性能的指标 APL 的测量结果一致,表明星型结构的传输性能最优,线型结构最差。在移除各网络拓扑中一个重要节点(图 6-2 中虚线圈内的节点)致使网络被分割的情况下,仅用指标 APL_{max} 的变化来反映各网络拓扑中传输性能的变化就具有局限性。指标 LCC 仅能体现各网络拓扑被分割

得到的最大连通子图的规模,无法体现剩余结构被分割的情况。根据 η_{RE}、R_{ave} 和 R_{wor} 可知,星型结构的网络有效率最高,但在最坏情况下鲁棒性最差。与线型结构相比,树型结构的网络有效率较优,但在最坏情况下的鲁棒性也比较差。环型结构在最坏情况下鲁棒性是最好的,但网络有效率偏低。通过网络可生存性多目标评估可知,当 $\alpha=0.5$ 时,随着网络规模的增加,在典型拓扑结构中,五边 Hub 型结构能够更好均衡网络有效率和网络鲁棒性,具有较高的可生存性。

表 6-1　典型网络拓扑的特性比较及生存适应性指标

拓扑结构	APL	η_{RE}	APL_{max}	LCC	R_{ave}	R_{wor}	Γ_{ave}	Γ_{wor}
星型	1.933	1	∞	1	0.9022	0	0.7094	0
线型	10.333	0.3873	5.333	15	0.6222	0.4506	0.4002	0.3931
树型	3.497	0.6612	2.436	13	0.8501	0.3425	0.5898	0.3085
环型	7.759	0.4248	10	29	0.9333	0.9333	0.5724	0.7889
五边 Hub 型	2.908	0.7418	2.020	24	0.8835	0.6345	0.6303	0.5623

2. ARPA 网络和圈图的可生存性评估

以实际的网络拓扑为例,用图 6-3(a)所示的 ARPA 网络拓扑分析网络可生存性多目标评估的有效性。该拓扑由 21 个节点和 26 条链路组成,是欧美比较普遍的干线网络拓扑,其平均度值为 2~3,是大多数节点度为 2 的较均匀网络。对于 ARPA 网络,移除一个节点的随机故障和选择性攻击都不会导致网络不连通,其鲁棒性很高。通常仅考虑移除一个节点的情况,因为在大多数网络中同时有两个或多个节点失效的概率相当小。图 6-3(b)是与 ARPA 网络同规模的基于圈结构构造的网络拓扑图,简称为圈图,表 6-2 为 ARPA 网络与圈图相关指标的比较。

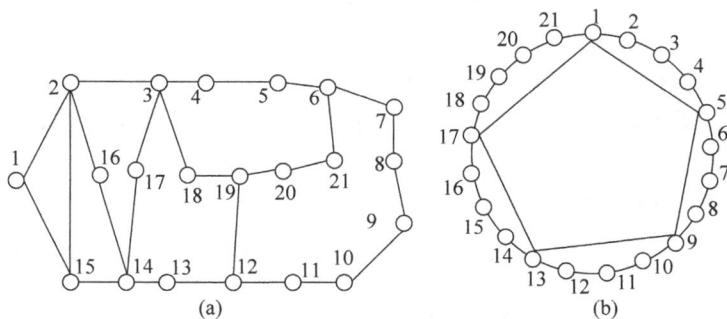

图 6-3　ARPA 网络拓扑图及其圈图

(a) ARPA 网络拓扑图;(b)基于圈结构拓扑图

表 6-2 ARPA 网络与圈图相关指标比较

相关指标	ARPA 网络	圈　　图
η_E/η_{RE}	0.3886/0.7096	0.4144/0.7568
E_{ave}	0.3783	0.4049
E_{wor}	0.3460($k=3$)	0.3676($k=1$)
R_{ave}	0.9048	0.9048
R_{wor}	0.9048($k=3$)	0.9048($k=1$)
$\Gamma_{ave}(\alpha=0.5)$	0.7978	0.8221
$\Gamma_{wor}(\alpha=0.8)$	0.8502	0.8581

6.3　基于优先配置节点保护圈的网络拓扑重构方法

为提供失效节点和连接边的保护,本节提出了节点保护圈(node-protecting cycles,np-cycles)方法,并定义了一个合理的网络生存性指标,用于评估不同网络拓扑重构策略对网络性能的影响[10]。在此基础上,提出了优先配置节点保护圈的加强保护圈(preferential configuration enhanced node-protecting cycles,PCNC)方法,该方法通过添加边贡献率指标优先选择高贡献率的边资源优化配置节点保护圈以保护网络中更多的节点和边,使网络在节点移除的情况下仍能有效维持网络的可用性和有效性。

6.3.1　节点保护圈结构

针对节点移除对网络连通性和传输效率的影响,提出节点保护圈和节点加强保护圈结构。在网络拓扑图 $G(V,E)$ 中,节点数和边数分别用 $n=|V|$ 和 $m=|E|$ 表示,B_k 表示节点 k 的邻居节点集,即 $B_k=\{u|(u,k)\in E\}$。下面给出节点保护圈和加强节点保护圈的相关定义。

定义 6-5　节点保护圈。圈 x_k 被称为节点 k 的保护圈,指节点 k 和它的邻居节点 $u,v(u,v\in B_k)$ 都在圈 x_k 上,当节点 k 被移除时,其邻居节点 u,v 之间存在一条不经过该节点的相连路径。

定义 6-6　圈阶数(np-cycles order,CO)。圈 x_k 的阶数定义为 $\text{CO}(x_k)=\sum\limits_{u\in E_k}\varepsilon_{x_k}^u$,式中,$\varepsilon_{x_k}^u$ 表示节点 k 的邻居节点 u 是否在保护圈 x_k 上。如果节点 u 在保护圈 x_k 上,则 $\varepsilon_{x_k}^u=1$,否则 $\varepsilon_{x_k}^u=0$。

当统计圈 x_k 的阶数时,如果节点 k 的邻居节点 u 在圈 x_k 上出现

不止一次,则计算 $CO(x_k)$ 指标时只统计一次。节点 k 的保护圈 x_k 称为合格节点保护圈,当且仅当圈 x_k 阶数为 $|B_k|$,即 $CO(x_k)=|B_k|$。

定义 6-7　圈效率(np-cycles efficiency,CE)。圈 x_k 的效率定义为 $CE(x_k)=\sum_{u\in E_k}\dfrac{\varepsilon_{x_k}^{u}}{L_{x_k}}$,式中,$L_{x_k}$ 表示保护圈 x_k 的长度,即 x_k 上含有边的数目。

上述效率最高的合格节点保护圈仅能有效保护单个节点,使该节点在被移除时对网络连通性和传输效率没有影响;但对于节点和其邻居节点同时被移除,即多个节点同时失效的情况却无能为力。为实现相邻多个节点同时失效的有效保护,可进一步定义节点加强保护圈(enhanced node-protecting cycles,enp-cycles),使其不仅能够有效保护单个节点失效,也能有效保护多个相邻节点的同时失效。

定义 6-8　节点加强保护圈。当且仅当 x_k 上节点 k 的任意邻居节点对 u,v 之间都存在一条不经过节点 k 和其他邻居节点的路径时,圈 x_k 被称为节点加强保护圈。

定义 6-9　最优节点保护圈(local optimum np-cycles)。当且仅当 x_k 是节点加强保护圈,并且满足节点 k 的任意邻居节点对之间都通过直接边相连时,圈 x_k 被称为最优节点保护圈。

图 6-4 描述了图 6-1 中存在最优节点保护圈的示例。在图 6-4(a)中,节点 2 和 6 的最优节点保护圈如蓝色和橘色粗线所示,图 6-4(b)中节点 3 和 4 的最优节点保护圈如图所示,其中加粗线为节点 3 和 4 的最优节点保护圈的重叠部分。最优节点保护圈不仅能有效保护单个节点失效,而且对于局部相邻多个节点的同时失效也能起到保护作

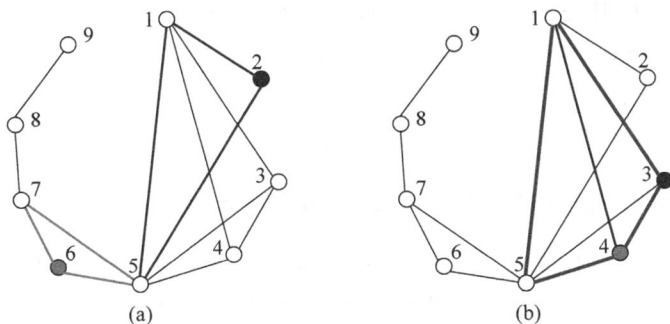

图 6-4　最优节点保护圈示例(见文前彩图)

(a) 包含 3 个节点;(b) 包含 4 个节点

用。此外,最优节点保护圈还能使网络上流经该保护节点的数据流都可以被其邻居节点的跨接链路保护。

定理 6-1 网络可生存性指标 $\Gamma(G)$ 会随图 G 中节点保护圈阶数的增加而单调增加。

证明: 令 x_{k_i} 是图 $G(V,E)$ 中节点 k 的保护圈,其阶数 $CO(x_{k_i}) = r$,表明 x_{k_i} 上含有 r 个 k 的邻居节点。假设存在节点 b 和 u,节点 b 是 k 的邻居节点,即 $b \in B_k$,则有 $d_G(k,b) = 1$(即在图 G 中,节点 k 和 b 之间的最短路径长度为1)。节点 u 和 k 是可达的,并且节点 u 和 b 之间不存在不经过节点 k 的其他最短路径,令 $d_G(u,b) = d_G(u,k) + 1$(其中,节点 u 可以是 k 的邻居节点)。因此,对于节点 b 来说,如果其只与节点 k 相连,则 $d_{G_k}(v,b) = \infty$,$\forall v \in V - \{k\}$。

令 $l \notin E$ 是一条添加边,使生成图 $G'(V, E \cup \{l\})$ 在圈 x_{k_i} 基础上配置一个新的含有节点 b 的圈 $x_{k_{i+1}}$。因此,在图 G' 中存在一个用于保护节点 k 阶数为 $r+1$($CO(x_{k_{i+1}}) = r+1$)的节点保护圈,含有 $r+1$ 个 k 的邻居节点。为证明定理 6-1,必须要证明 $\Gamma(G) \leqslant \Gamma(G')$ 成立。

在图 G' 中,因为节点 u 和 b 之间存在一条不经过节点 k 的路径,所以 $d_{G_k}(u,b) \leqslant d_{G_k}(v,b) = \infty$,$\forall u \in V - \{k\}$ 成立。根据可生存性指标定义,$\Gamma(G) \leqslant \Gamma(G')$ 成立。

综上所述,定理 6-1 成立。

定理 6-2 若网络拓扑图 G 中,任意节点都至少有一个合格节点保护圈,则 G 是 2-连通图。

证明: 若图 G 中任意节点都有一个合格节点保护圈,根据合格节点保护圈的定义可知,G 中的每一节点都和它所有的邻居节点共圈,即 G 中任意 2 个节点共圈。根据 k-连通图性质,图 G 是 k-连通图即当且仅当 G 中任意 k 个节点共圈。定理 6-2 成立。

定理 6-3 若网络拓扑图 G 中,任意节点都具有最优节点保护圈,则 G 是完全图。

证明: 根据最优节点保护圈的定义可知定理 6-3 成立。

6.3.2 优先配置节点保护圈 PCNC 方法

为求解 NTRLA 优化问题,提出优先配置节点加强保护圈的拓扑重构方法。PCNC 方法的基本思想是通过添加边贡献率指标优先地选择高贡献率的添加边以配置有效的节点加强保护圈以保护网络中更多的节点和边,使网络在移除节点和边的情况下能维持网络功能鲁棒性和有效性。

在 PCNC 方法实现过程中,选择添加边以优化配置节点保护圈有三方面的重构目标。其一,改善网络在随机故障和选择性攻击情况下的网络鲁棒性;其二,通过缩短网络中节点之间通信距离改善网络传输效率;其三,降低网络资源成本。为实现这些目标,PCNC 方法实现过程的基本思路如下:

(1) 改善网络鲁棒性

鉴于在选择性攻击中,高度值节点及相连边容易成为目标对象,而低度值节点及相连边更容易生存下来,因此在 PCNC 方法实现中,更倾向于优先添加那些连接低度节点的连接边。在低度值节点之间添加边也能有效地改善网络中度分布的不均匀性,进而改善网络鲁棒性。

(2) 改善网络传输效率

基于网络中节点之间信息总是沿着最短路径来传播,选择配置具有高效率的节点加强保护圈。节点加强保护圈效率越高,其被保护节点的邻居节点之间的传输路径越短,节点加强保护圈的能力越强。

(3) 降低网络资源成本

在资源有限情况下,通过资源共享提高重构过程中添加边资源的利用率。定义添加边贡献率指标来衡量哪些边能被更多的节点加强保护圈所包含并实现共享,具有高资源利用率。

给定网络拓扑图 $G(V,E)$ 和添加边集 E'。其中,$k \in V$,v_k 表示节点 k 的权值,用于衡量移除节点 k 对网络性能的影响。为简化问题,本书所有节点权值是相同的。定义添加边 $l \in E'$ 的贡献率指标为 $\mathrm{Ctr}(l)$,用于衡量边 l 对于配置有效保护圈的贡献价值,即体现对含有边 l 的保护圈性能提高所贡献的价值。

$$\mathrm{Ctr}(l) = \sum_{k \in V} v_k \cdot W(\pi_k^l) \tag{6-18}$$

式中,π_k^l 为含有边 l 用于保护节点 k 的保护圈集合;$W(\pi_k^l)$ 为含有边 l 用于保护节点 k 的保护圈上边的总权值,其具体定义如下:

$$W(\pi_k^l) = \sum_{l \in \{1,2,\cdots,|\pi_k^l|\}} \sum_{e \in \pi_{k_i}^l} w_e \tag{6-19}$$

式中,$|\pi_k^l|$ 表示集合 π_k^l 中含有保护圈的数目;$\sum_{e \in \pi_{k_i}^l} w_e$ 表示在保护圈 $\pi_{k_i}^l \in \pi_k^l$ 上所有边权的累加和。

添加边贡献率指标的定义表明,添加边贡献率指标越高,该添加边对优化配置节点加强保护圈的贡献价值越多。因此,可基于式(6-17)定义优先选择添加边的概率,$\dfrac{\text{Ctr}(l)}{c(l)}$ 指标能反映优化配置节点加强保护圈的添加的边优先权顺序。

为实现节点加强保护圈的优化配置,根据添加边贡献率指标建立基于 PCNC 方法的 NTRLA 优化问题模型,

$$\begin{cases} \max \sum_{l \in E'} \dfrac{\text{Ctr}(l)}{c(l)} \\ \text{s.t. } \sum_{l \in E'} c(l) \leqslant C_0 \end{cases} \tag{6-20}$$

式中,$c(l)$ 表示选择添加的边 l 的代价;$\dfrac{\text{Ctr}(l)}{c(l)}$ 表示优化配置边 l 的贡献效率;C_0 是给定的添加边约束。

基于 PCNC 方法的 NTRLA 优化问题模型形式化地描述了在确保添加边总代价满足给定资源约束条件下,为最大化添加边资源贡献效率,应优先选择添加边贡献率大并且添加边资源代价小的连接边。

6.3.3 PCNC 算法及性能分析

PCNC 算法在基于 PCNC 方法的 NTRLA 优化问题模型基础上,同时考虑了基于局部节点度信息的添加边方法的简单性和高效性。

一般来说,网络拓扑图中节点度小于 2 的节点处于网络边缘,移除这些节点对网络功能影响不明显。因此,在 PCNC 算法实现过程中不考虑配置节点度小于 2 的节点的加强保护圈。此外,在算法实现中需要明确可利用添加边的资源集、添加边的代价和计算添加边贡献率指标过程中用到的相关参数等。

PCNC 算法基本步骤如下:

(1) 首先,在图 $G(V,E)$ 中添加所有可利用的边集 $E'(E' \bigcap E \neq \varnothing)$ 形成扩展图 $G'(V,E+E')$,其中图 G' 有可能是完全图。图 G' 中任一条边 $e \in E \bigcup E'$ 都赋有一定的权值表示该边结构属性或负载情况。在 PCNC 算法实现中,边权的值定义为

$$w_e = \begin{cases} 0, & e \in E \\ \text{weight}(e), & e \in E' \end{cases} \tag{6-21}$$

式中,$\text{weight}(e)$ 是权值函数,定义为直接边连接的两节点的度平均值倒数。

（2）在图 G 中为保护节点集中的每个节点寻找局部的加强节点保护圈。搜索算法首先从每个保护节点出发，寻找该节点的邻居节点间的最小权重路径，次小权重路径，以此类推。然后将各个邻居节点间的路径顺次连接，再与保护节点连起来构成保护该节点的加强保护圈集。

（3）计算添加的边 $l \in E'$ 的贡献率指标 $\text{Ctr}(l)$。在（2）中，节点 k 的加强保护圈不唯一并且含有添加的边 $l \in E'$ 不尽相同。为了让有限添加边的利用率最大，利用添加边贡献率指标衡量添加边对网络中需保护节点的加强保护圈构成的贡献价值。

（4）根据添加边贡献率指标值的高低，优先选择高贡献率的可利用添加边配置节点加强保护圈以提高网络鲁棒性和有效性。

在一个具有 n 个节点 m 条边的网络拓扑图中添加一条边，有 $\binom{n}{2} - m$ 种不同的方式。对于更大的网络拓扑图，特别是稀疏图来说，假设添加 q 条边，则添加边的方案近似有 $\left[\binom{n}{2} - m\right]^q$ 种。比较所有可能添加边方案，从中选出最优添加边集合属于指数时间复杂性问题。相比于完全遍历 NTRLA 优化问题的解空间具有指数时间复杂度，PCNC 算法通过搜索保护节点的加强节点保护圈实现网络拓扑结构的优化配置，在统计加强节点保护圈的同时还可以根据其效率指标缩小搜索的解空间。从 6.3.3 节算法步骤可知，整个算法的时间复杂度主要取决于求解节点对之间的最短距离。由于 Dijkstra 算法的时间复杂度为 $O(n^3)$，所以该算法在最坏情况下的时间复杂度为 $O(n^4)$。

接下来，通过比较 PCNC 算法得到的解和穷举法得到的最优解的一致性，分析 PCNC 算法的近似最优性。

基于提出的网络生存性指标分析 PCNC 算法的近似最优性。一般认为，近似最优解是和最优解相比较而言的。对于 NTR 优化问题，目前还没有公认最优的拓扑重构策略，所以不好比较。实际上，对于任何一个实际的给定网络拓扑图，根据网络生存性指标，总是可以用穷举的方法找出其最优添加边配置的网络结构图。因此可以比较 PCNC 算法得到的网络结构与穷举方法得到的最优网络结构是否一致，如果具有一致性或者满足高比例的一致性，这样进行的比较就可以量化了，近似最优就是有的放矢的。

本节选择规模比较小的网络拓扑图实例进行完全遍历，找出给定的网络拓扑图的最优添加边重构方案，然后比较 PCNC 算法得到的近似解与完全遍历得到的最优解的一致性。

通过举例说明近似最优解分析方法的有效性。如图 6-5 所示的
网络拓扑图,添加边资源集 $E' = \{(1,5),(1,6),(2,4),(2,5),(2,6),$
$(3,5),(3,6),(4,6)\}$ 中共有 8 条可利用的添加边。研究感兴趣的是
如何从 E' 集中找出最优的一条添加边,使生成的网络拓扑图具有最
高的网络生存性指标。通过表 6-3 的数据结果比较分析可知,尽管添
加边(1,6)和(3,6)的网络生存性指标排名第一,但是这两种添加边方
式会使得图中最大节点度由 3 变为 4,即使得节点 1 或节点 3 在选择
性攻击环境中被攻击的可能性增大。优先选择添加边(2,6)既不会改
变图中节点度的最大值,也能有效地改善网络拓扑的动态鲁棒性。这
与利用 PCNC 算法得到的结果是一致的。

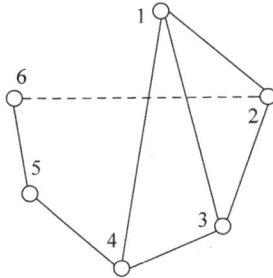

图 6-5　一个简单的添加 1 条边的网络拓扑重构示例

表 6-3　通过完全遍历方法在图 6-5 中寻找最合适的添加边

添加边 $l \in E'$	网络生存性指标 $\Gamma^*[G'(V,E\cup\{l\})]$	排序结果	网络拓扑图中最高节点度的变化
(1,5)	0.9571	4	3(不变)
(1,6)	0.9871	1	4(增加 1)
(2,4)	0.9091	6	3(不变)
(2,5)	0.9627	3	3(不变)
(2,6)	0.9783	2	3(不变)
(3,5)	0.9571	4	3(不变)
(3,6)	0.9871	1	4(增加 1)
(4,6)	0.9403	5	3(不变)

为了使比较的结果更直观,本节中不仅进行 PCNC 算法得到的近
似解与穷举方法得到最优解的一致性比较,还将讨论随机添加边
(random preference addition,RA)、最低度优先添加边(lowest degree
preference addition,LDP)这两种典型的添加边策略得到的解与穷举

法得到的最优解的一致性比较,进而与 PCNC 算法的一致性解进行比较,分析说明 PCNC 算法的近似最优性。

为使比较的结果具有一般的说服力,本节中选定的实例包括两个网络拓扑图集合,一个图集是由 6 个节点 6 条边构成的所有拓扑图的网络拓扑图空间,共包含 5005 个图,记为图集 $GS_{6,6}$;另一个图集是由 10 个节点随机生成的包含 10000 个拓扑图的网络拓扑图空间,记为图集 GS_{10}。因为随着网络规模 n 的增加,具有 n 个节点的网络拓扑图的数目 $\left[\dfrac{\frac{n(n-1)}{2}}{n}\right]$ 是非常可观的,完全遍历相应的解空间也是非常困难的。所以本节中列举了这样两类实例,图集 $GS_{6,6}$ 是给定小规模的节点数和边数构成所有拓扑图的图空间,图集 GS_{10} 是在给定含有较大节点数的拓扑图集中随机抽取的子图集,都具有一定的代表性。

首先讨论图集 $GS_{6,6}$ 的相关结果。对于图集 $GS_{6,6}$ 中的每一个拓扑图来说,添加一条边有 $\binom{6}{2}-6$ 种不同的方式。设计相应的算法比较 PCNC 得到的近似解与穷举方法得到最优解的一致性,该算法的主要步骤如下:

(1)对图集 $GS_{6,6}$ 中的所有网络拓扑图进行完全遍历(共 5005 个),统计在每个图中每一种添加边方式下相应的第 i 网络拓扑图的生存性指标 Γ_i^*。对图集 $GS_{6,6}$ 中每个网络拓扑图的所有添加边方式下的生存性指标进行降序排序,对应 $GS_{6,6}$ 中每个网络拓扑图都会生成一个排序表,排序表中最前面的结构图就是穷举法得到的最优解 Γ_{opt}^*;

(2)利用 PCNC 算法对图集 $GS_{6,6}$ 中每个网络拓扑图优化添加一条边得到相应结构图,并统计相应结构图的生存性指标,该指标为 PCNC 算法得到的近似解 Γ_{PCNC}^*;

(3)统计图集 $GS_{6,6}$ 中 PCNC 算法得到的近似解与穷举方法得到最优解的一致性。假设该图集中共有 10 个图,对应生成 10 张排序表,如果通过 PCNC 算法得到的 9 个解在相应排序表中的前 3 项中出现,就称 Γ_{PCNC}^* 和 Γ_{opt}^* 满足 top 3 形式的一致性比例为 90%。

比较随机添加边和最低度添加边得到的解与穷举方法得到最优解的一致性过程,与比较 PCNC 解与最优解的一致性过程相似,也可通过上述步骤完成。在图集 $GS_{6,6}$ 中 PCNC 解与最优解、RA 解与最优解、LDP 解与最优解的一致性比例结果见表 6-4。

表 6-4 在图集 $GS_{6,6}$ 中 Γ_{PCNC}^*、Γ_{RA}^*、Γ_{LDP}^* 与 Γ_{opt}^* 的一致性比例

top i ($i=1,2,3$)	不同解与最优解的一致性比例		
	$\Gamma_{PCNC}^* \bigcap \Gamma_{opt}^*$	$\Gamma_{RA}^* \bigcap \Gamma_{opt}^*$	$\Gamma_{LDP}^* \bigcap \Gamma_{opt}^*$
1	81.87%	19.64%	62.70%
2	81.87%	24.70%	62.70%
3	99.50%	36.17%	80.74%

由表 6-4 可知,在图集 $GS_{6,6}$ 中,Γ_{PCNC}^* 和 Γ_{opt}^* 满足 top 3 形式(即 PCNC 解在排序表中前三项出现)的一致性比例为 99.5%。与 RA 和 LDP 策略得到的解相比,PCNC 解与最优解的一致性比例有明显的优势。

为了进一步验证 PCNC 算法的近似最优性,接下来讨论包含随机生成 10000 个具有 10 个节点的网络拓扑图的图集 GS_{10} 的相关结果。详细的比较结果见表 6-5。其中,top i% 表示在所有网络拓扑图对应的排序表中,其他解能够排在表中较优的前 i% 项,体现了其他解与最优解相比较一致性的状况。假设该图集中共有 10 个图,对应生成 10 张排序表,每张排序表中共有 100 个表项,通过 PCNC 算法得到的 9 个解在相应排序表中的前 5 项中出现,就称其他解和最优解满足 top 5% 形式的一致性比例为 90%。

表 6-5 在图集 GS_{10} 中 Γ_{PCNC}^*、Γ_{RA}^*、Γ_{LDP}^* 与 Γ_{opt}^* 的一致性比例

top i ($i=10\%,20\%,30\%$)	不同解与最优解的一致性比例		
	$\Gamma_{PCNC}^* \bigcap \Gamma_{opt}^*$	$\Gamma_{RA}^* \bigcap \Gamma_{opt}^*$	$\Gamma_{LDP}^* \bigcap \Gamma_{opt}^*$
10%	68.80%	9.11%	45.90%
20%	84.56%	17.57%	61.07%
30%	90.05%	27.84%	68.13%

由表 6-5 中的数据可知,在图集 GS_{10} 中,Γ_{PCNC}^* 和 Γ_{opt}^* 满足 top 30% 形式的一致性比例达到了 90% 以上。表 6-4 和表 6-5 分别对应两个具有代表性的不同图集的实例,但两个表中相对应数据表明了相似的结果,与 RA 和 LDP 方法相比,PCNC 得到的近似解与穷举方法得到最优解的一致性比例比较高,体现了 PCNC 方法的优越性。经过对具体数据分析比较可知,PCNC 算法得到的近似解与穷举方法得到的最优解较一致,具有近似最优性,能够有效地解决有限资源约束下的 NTR 优化问题。

6.3.4 仿真结果与分析

1. 仿真环境和仿真目标

为验证 PCNC 算法的有效性,在给定网络拓扑图和有限添加边约束的情况下,通过网络可生存性指标和常用拓扑结构特性指标来分析比较 PCNC 算法和典型添加边算法的重构性能。典型的基于节点度的添加边方法见表 6-6。

表 6-6 典型的基于节点度的添加边方法

名　　称	缩写	添加边方法
lowest degree preference addition	LDP	最低度优先添加边
random and lowest degree preference addition	RLP	随机且最低度优先添加边
random and highest degree preference addition	RHP	随机且最高度优先添加边
degree probability preference	DPP	依概率优先添加边
degree-fitness based preference addition	DFP	节点度适应性优先添加边

在仿真实验中,每条曲线值都表示运行 50 个轮次的平均值。仿真主要目标包括:

(1) 在不确定的网络环境中,网络可生存能力对网络鲁棒性和有效性都有依赖且依赖程度不同。基于网络可生存性指标并考虑权重系数 α 取不同值时不同添加边算法的性能变化趋势,评估 PCNC 算法是否兼顾网络鲁棒性和网络有效性,是否更适用于动态网络环境。

(2) 在有限添加边资源约束下,基于常用拓扑结构特性指标,评估 PCNC 算法在动态网络环境中是否能有效改善网络鲁棒性和传输效率,提升网络拓扑结构的可生存性。

2. 基于互联网路由级拓扑的仿真结果

为使仿真环境更接近于实际互联网,使用网络拓扑生成器 (network manipulator, NEM)[11] 生成路由器级拓扑图如图 6-6 所示。有限添加边约束是指对具有 n 个节点 m 条边的网络拓扑图通过添加边算法进行重构时,添加边数目不超过图中可利用添加边总数 $\binom{n}{2}$ - m 的一定比例。

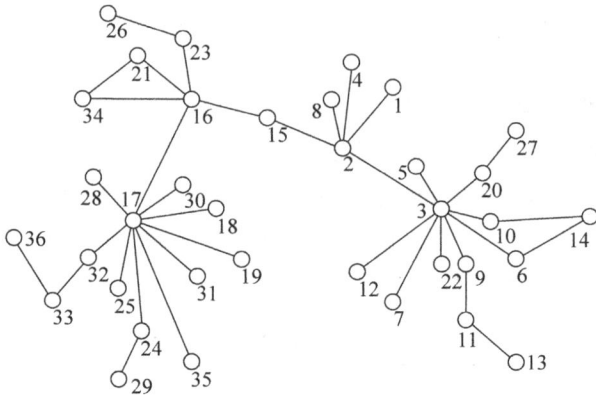

图 6-6　路由级网络拓扑图

（1）基于网络可生存性指标的比较

在添加边数目束下，通过权重系数 α 取不同值比较 PCNC 算法和 LDP、RLP、RHP、DPP、DFP 算法提升网络可生存性的重构性能。图 6-7 所示为当 α 取值为 0、0.2、0.5、0.8 和 1 时 PCNC 与典型添加边算法关于网络可生存性指标随添加边数目增加而变化情况。从图中数据分析可知：①当 $\alpha=0$ 时，PCNC 算法性能仅优于 RLP、DFP 和 LDP 算法，如图 6-7（a）所示。②当 $\alpha=1$ 时，在典型添加边算法中 DFP 算法性能较优，LDP 和 RLP 算法的性能优于 RHP 和 DPP 算法，而 PCNC 算法与这些添加边算法相比较具有更明显的优势，如图 6-7（e）所示。③随着 α 取值增大，RHP 和 DPP 算法的劣势越来越明显，RLP 和 LDP 算法的性能在逐步提高，与 RLP 和 LDP 算法相比，DFP 算法的性能提高显著；与其他添加边算法性能提高的趋势相比，PCNC 算法的性能提高更显著。由此可看出，PCNC 算法不仅能兼顾改善网络传输效率，而且更适用于改善恶劣环境下的网络可生存性。

（2）动态网络环境下基于常用拓扑结构特性指标的比较

在仿真试验中，设计随机局部攻击和选择性攻击两种攻击方式。随机局部攻击是指从网络中首先随机地移除一个节点，依次随机移除的节点是上一次移除节点的邻居节点；选择性攻击是指把网络中节点度值高的节点依次移除。将常用拓扑结构特性指标最大连通子图规模和网络有效率来比较分析网络拓扑结构在遭遇随机局部攻击和选择性攻击情形的网络性能变化。考虑有限添加边数目的约束，讨论的拓扑重构图分别是基于 LDP、DPP 和 PCNC 算法对图 6-6 通过优先添加 6 条边后配置得到的。

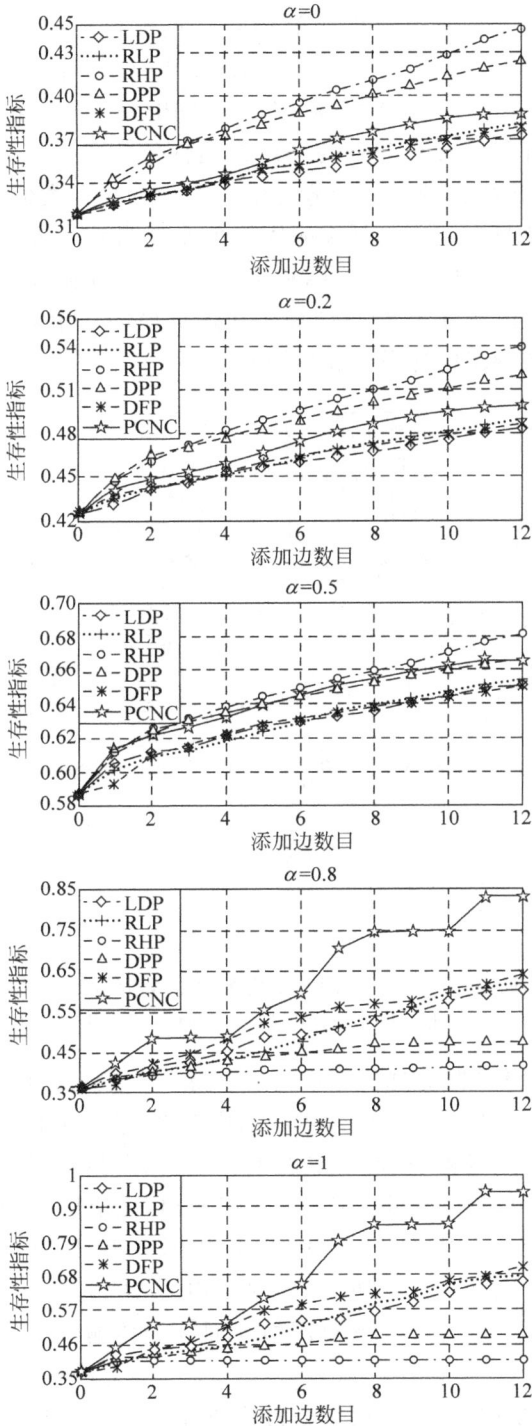

图 6-7　PCNC 与典型添加边算法关于网络可生存性指标的比较

图 6-8 描述了随着随机局部移除节点数目的增加,原图和基于 LDP、DPP 和 PCNC 算法配置的重构图中 LCC 指标和 E 指标的变化情况。从图 6-8(a)可以看出,与 LDP 和 DPP 重构图相比,PCNC 重构图对随机局部移除多个节点的网络连通性的改善有明显的优势。在图 6-8(b)中,E 指标的变化趋势与图 6-8(a)的情况类似,图 6-8(b)中 PCNC 对 E 指标曲线下降延缓的优势也非常明显。从图 6-8 可看出,PCNC 重构图对应的 LCC 指标和 E 指标值都明显高于典型的 LDP 和 DPP 算法,由此可知,PCNC 算法在随机局部移除多个节点的情况下能有效改善网络的连通性和传输效率。

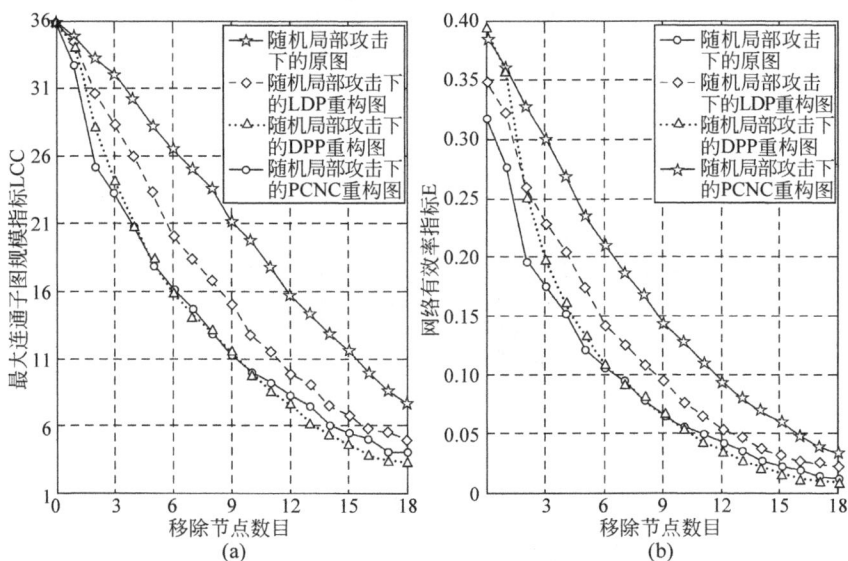

图 6-8　随机局部攻击下原图与重构图的 LCC 指标和 E 指标的比较
(a) 随机局部攻击下 LCC 指标比较;(b) 随机局部攻击下 E 指标比较

图 6-9 描述了随着选择性攻击中移除节点数目的增加,原图和基于 LDP、DPP 和 PCNC 算法的重构图中 LCC 指标和 E 指标的变化情况。在移除节点过程中,若节点度值相同,则在相同度值的节点集中随机选择下一节点的移除。从图 6-9 可看出,无论是对 LCC 指标的影响还是对 E 指标的影响,与 LDP 和 DPP 算法相比,PCNC 算法都具有明显优势。因此,与典型的 LDP 和 DPP 算法相比,PCNC 算法在选择性移除多个节点的情况下对网络连通性和传输效率的改善也具有明显优势。

与现有"添加边问题"仅考虑静态网络中如何添加尽可能少的边

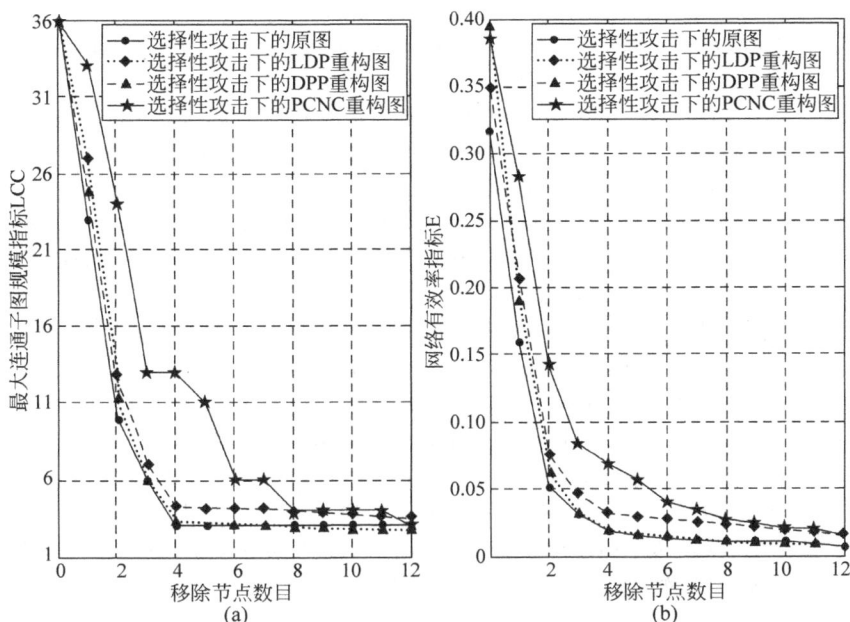

图 6-9 选择性攻击下原图与重构图的 LCC 指标和 E 指标的比较

(a) 选择性攻击下 LCC 指标比较;(b) 选择性攻击下 E 指标比较

而改善网络传输效率的目标不同,本书提出的网络拓扑重构优化问题,是研究在动态网络环境中如何配置有限添加边资源以改造原有网络拓扑结构,使重构的网络拓扑结构具有兼顾网络鲁棒性和传输效率的最优网络可生存性。为提供失效节点和连接边的保护,本书提出了节点保护圈和加强节点保护圈结构,给出了相关基本定义及理论基础。为有效地量化评估不同网络拓扑重构方法对网络综合性能的影响,定义了网络可生存性指标,以刻画节点移除对网络鲁棒性和传输效率的影响。为求解资源约束的网络拓扑重构优化问题,提出了启发式的优先配置节点加强保护圈的 PCNC 算法。实验表明,PCNC 算法在有限资源约束的随机局部攻击和选择性攻击的动态网络环境中能兼顾改善网络鲁棒性和传输效率,有效提升网络拓扑结构的可生存性。

参考文献

[1] 新华社.国家中长期科学和技术发展规划纲要(2006—2020 年)[EB/OL].
(2006-02-09). https://www.gov.cn/jrzg/ 2006-02/09/ content _ 183787 _

7. htm.

[2] National Emergency Communications Plan[OL]. US Dept of Homeland Security United States, United States, August, 2008.

[3] CAUCHEMEZ S, VALLERON A J, BOELLE P Y, et al. Estimating the impact of school closure on influenza transmission from sentinel data[J]. Nature, 2008, 452(7188): 750-754.

[4] BEYGELZIMER A, GRINSTEIN G, LINSKER R, et al. Improving network robustness by edge modification [J]. Physics A: Mathematical and Theoretical, 2005(357): 593-612.

[5] ZHAO J C, XU K. Enhancing the robustness of scale-free networks[J]. Physics A: Mathematical and Theoretical, 2009, 42(19).

[6] LI L, JIA Q S, WANG H T, et al. A systematic method for network topology reconfiguration with limited link additions[J]. Journal of Network & Computer Applications, 2012, 35(6): 1979-1989.

[7] SCHOONE A A, BODLAEDER H L, LEEUWEN J V. Diameter increase caused by edge deletion[J]. Journal of Graph Theory, 1987, 11(3): 409-427.

[8] 李黎, 管晓宏, 赵千川, 等. 网络生存适应性的多目标评估[J]. 西安交通大学学报, 2010, V(10): 1-7.

[9] 余新, 李艳和, 郑小平, 等. 基于网络性能变化梯度的通信网络节点重要程度评价算法[J]. 清华大学学报(自然科学版), 2008, 48(4): 541-544.

[10] 李黎, 郑庆华, 管晓宏. 基于有限资源提升网络可生存性的拓扑重构方法[J]. 物理学报. 2014, 63(17): 170201.

[11] 张冬艳, 胡铭曾, 张宏莉. 基于测量的网络性能评价算法研究[J]. 通信学报, 2006, 27(10): 74-79.

第**7**章

软件定义网络中鲁棒的控制器优化部署

软件定义网络(software defined network,SDN)采用了控制平面和数据平面相分离的网络架构,实现了网络数据转发的灵活控制。与传统网络不同,控制平面作为 SDN 的核心,控制器的优化部署牵涉网络时延、负载和网络安全性等方面。与传统网络类似,SDN 在突发事件下同样面临网络节点或链路失效的网络鲁棒性问题。因此,研究应对事件提升 SDN 鲁棒性的控制器优化部署问题具有重要意义。本章关注 SDN 在任意 k 条链路失效情景下兼顾网络时延和负载均衡的最优控制器部署问题,简称 k-链路失效的鲁棒控制器部署(robust control placement for k-links-failure,k-RCM)。

7.1 提出问题

7.1.1 软件定义网络

随着互联网的广泛普及与发展,传统的网络架构体系暴露出越来越多的问题,如网络扩展性不足,网络管理复杂性增加,网络安全威胁日益加剧等。为解决这些问题,各种新型网络架构、网络技术、网络协议在不断发展。软件定义网络为未来网络发展提供了一个重要的方向[1-3]。SDN 希望通过应用软件参与对网络的管理控制,在满足上层业务需求的同时简化网络运维。目前较被认可的实现方法是将交换机网络的控制平面和数据平面分离,控制器具有开放的编程接口和网络集中式的管理控制功能,交换机只负责数据转发,控制逻辑由称为控制器的服务器来提供。控制平面中的控制服务器可以掌握全局的网络信息,方便运营商和科研人员对网络进行灵活的调整与实验部署新的网络体系结构及相关技术。由于数据平面中的交换机仅提供简单的数据转发功能,因此可以快速地对匹配报文进行处理,以适应网络流量日益增长的需求。

SDN 的控制与转发的分离通过二者之间的开放统一接口实现,通过该接口,控制器能够根据上层应用需求动态地改变交换机的状态,其中 OpenFlow 是该开放接口的典型代表[1]。OpenFlow 交换机维护了一个或多个用于对报文进行处理的流表,而流表的生成、维护和配置等完全由控制器控制。根据控制器下发流表的不同,OpenFlow 交换机可以模拟多种传统网络设备的报文处理行为,大大提高了网络灵活性和可管理性。此外,控制与转发相分离也使网络控制平面与数据平面能够独立演进,方便研究人员开展大规模网络实验,极大地促进了网络技术的创新发展。

SDN 遵循控制转发分离的设计原则,其控制功能由控制器来实现。随着 SDN 部署规模的扩大,单个控制器由于处理能力有限、扩展困难、单点失效等问题,无法满足 SDN 中全体交换机的控制需要。分布式部署多个控制器是解决 SDN 性能、可扩展性及可靠性问题的重要手段之一[4-7]。然而,多个控制器的存在也带来了新挑战,其中最重要的研究问题之一就是控制器部署(controller placement,CP)问题。CP 问题主要涉及两个方面:应该部署多少个控制器和多个控制器的部署位置[4]。在 CP 问题的研究中,有考虑控制器数量和控制器的信息传播延迟最小化的权衡[4-5,7],有考虑控制器容量限制及其负载均衡的优化部署[8-9],也有工作考虑到控制器优化部署对 SDN 可靠性和鲁棒性的影响[6,10-12]。CP 问题仍然是一个开放的问题,SDN 转发设备受控制平面控制,在网络故障情况下极易造成控制平面与转发平面间的通信中断,进而影响 SDN 的正常运行,特别是在 SDN 节点或链路失效的突发事件下,控制器部署的鲁棒性尤其需要关注。因此,研究应对事件提升 SDN 鲁棒性的控制器优化部署问题具有重要意义。

7.1.2　鲁棒的控制器优化部署问题

在 SDN 中,控制器负责网络中的信息收集和操作处理,肩负着全网的控制管理工作,控制器与交换机之间的响应时间影响着 SDN 的性能。控制器响应时间由控制器的负载和控制器与交换机之间的距离共同决定,控制器负载决定了数据流处理时间的快慢,控制器与交换机之间传播时延与其距离成正比。SDN 在突发事件下也面临网络节点或链路失效的网络鲁棒性问题。本节关注 SDN 在链路失效情景下兼顾网络时延和负载均衡的最优控制器部署问题，即面向链路失效的鲁棒控制器优化部署（robust control placement for links-failure，RCP）问题。RCP 问题可描述为：给定一个 SDN，已知其交换机和链路的拓扑结构，如何合理部署最优的控制器资源，使 SDN 在链路失效的情景下，保证在控制器能访问到的交换机节点比例不低于要求水平的同时，实现控制器的负载均衡功能且降低交换机到控制器及控制器之间的平均时延。

通过一个简单示例来描述 RCP 问题。如图 7-1(a)所示，初始给定的网络图是包含 8 个节点 9 条边的简单图，其中节点集合 $V=\{1,2,3,4,5,6,7,8\}$，边集合 $L=\{(1,2),(2,3),(3,4),(4,5),(5,6),(6,7),(7,8),(1,8),(4,8)\}$，给定控制器覆盖率（controlled proportion，Cpr)6/8，深色突出显示节点 4 的节点效率最高，深色边(1,8)和(3,4)的边介数中心性指标最大。在图 7-1(a)中，初始选择放置控制器的节点是节点效率最高的节点 4，即 $C^0=\{4\}$。如图 7-1(b)所示，移除两条边的最坏情景即连边(1,8)和(3,4)被移除，此时图 7-1(a)被分割成两部分，节点 4～8 能访问到连通子图中节点 4 上放置的控制器信息，但是，另一个连通子图上的节点 1～3 都不能访问到节点 4 上的控制器信息，此时的控制覆盖率为 5/8，但是要求的 Cpr 为 6/8。图 7-1(b)分别在节点 2,4 和 6 上配置三个控制器，即此时 $C=\{2,4,6\}$，$x_2=1$，$x_4=1$，$x_6=1$，$x_j=0$，$j\in\{1,3,5,7,8\}$，可以使在任意移除两条边的情景下，图 7-1 的控制覆盖率不低于给定的 Cpr，显著提高了在 $G(V,L,C)$ 网络中控制器面对两条链路失效时的控制器覆盖率。同时实现控制器的负载均衡（见表 7-1）且降低控制器到交换机及控制器之间的传播时延。

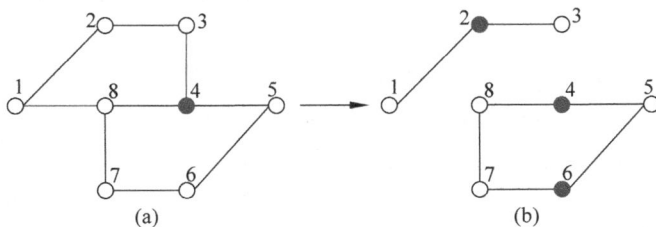

图 7-1　SDN 控制器优化配置示例

(a) 初始图；(b) 三个控制器优化配置

表 7-1 控制器及其控制的交换机

控制器放置节点	被控制的交换机
2	{1,2,3}
4	{4,5,8}
6	{6,7}

7.1.3 问题的求解思路

SDN 中的控制器是一种服务器资源,需要连接在某台交换机上。本节中控制器资源优化部署的位置是指控制器所连接的交换机节点的位置。为了进一步降低控制器资源部署的成本,优化网络控制管理的效率,本节引入了控制覆盖率指标,该指标表示能访问到控制器的交换机总数占网络中所有交换机总数的比例。给定满足需求的控制覆盖率表明突发事件下不要求网络中的交换机被控制器完全覆盖,在不影响网络基本服务功能情况下,允许极个别的偏远交换机(也称outliers)访问不到控制器。

在实际多控制器部署中,为了降低部署成本,应尽量减少控制器个数。由于在保证低成本的同时还要尽可能提高网络性能,交换机到控制器的平均时延应尽可能小,各控制器间负载应尽可能均衡。现有控制器部署策略大多考虑控制器个数少、时延小、负载均衡的目标,鲜有考虑应对突发事件的控制器部署的鲁棒性问题。

关注 SDN 中链路失效的情景。网络中任意 k 条链路遭遇故障或攻击通常会影响网络传输及网络基本功能,研究 SDN 中鲁棒的控制器优化部署问题具有重要意义。k-RCP 问题可描述为:给定一个网络图 $G(V,L)$ 和控制器覆盖率 Cpr,如何合理部署控制器所放置的节点集 C,使得 SDN 网络图 $G(V,L,C)$ 在任意 k 条链路失效的情景下,仍能既满足给定的控制器覆盖率 Cpr,又兼顾网络传输效率和负载均衡。

为求解 k-RCP 问题,首先将其建模为整数线性规划(integer linear programming,ILP)模型,简称为 k-RCP_ILP 模型。k-RCP_ILP 的目标是通过优化部署最少的控制器节点,使 SDN 在移除 k 条边的任意情景下也能保证控制覆盖概率的要求,并且兼顾改善 SDN 的控制器传输效率。

由于在 SDN 任意断 k 条边的所有情景中,寻找控制器放置节点集合 C,使控制覆盖率在所有移除边情景中不低于 Cpr,该问题属于

NP 完全问题。为简化该问题求解,研究在移除 k 条边的最坏情景下,如何优化配置有限的控制器资源,使 SDN 既能满足给定的控制覆盖率需求,又能兼顾网络传输效率和负载均衡。假设最坏缺失边情景 s_b 的发生概率 $q^{s_b}=1$,在移除 k 条边的最坏情景下,为求解 k-RCP 问题的整数线性规划模型为 k-RCP_ILP,对 $0\sim1$ 的整数进行约束松弛,建立其对应的线性规划模型 k-RCP_LP。

在运筹学中,对于每一个线性规划问题(原问题),一定有其对应的对偶规划问题(对偶问题)。无容量设施选址问题(uncapacitated facility location problem,UFLP)是最经典和基本的设施选址问题模型[13]。为求解线性规划模型 k-RCP_LP,受到 UFLP 的原始对偶算法[14]的启发,利用线性规划问题的对偶规划问题,建立其对应的对偶规划模型 k-RCP_DOLP 进行求解。

7.1.4　评价指标

鲁棒的 SDN 控制器优化部署问题不仅关注移除任意 k 条链路情景下控制器的控制覆盖率,也关注控制器优化部署对网络时延的影响。控制器与控制器、控制器与交换机之间的传播时延与其距离成正比,但在移除 k 条边的网络图中,不连通的节点对之间的距离为 ∞,为了避免此类情况,利用对节点之间距离取倒数的网络效率指标来评价控制器部署策略对网路时延的影响[15]。

在含有 n 个节点的网络图 G 中,用 w_{ij} 表示 G 中节点 i 和 j 之间边的权值,当 $w_{ij}=\infty$ 时,说明节点 i 与 j 不能一步可达,即它们不相邻。网络中的边权用来表示节点之间信息流通的难易程度,数值越小,信息流通越容易,网络传输效率越高。节点 i 和 j 之间的距离用 d_{ij} 表示,如果节点 i 和 j 之间不存在路径,则 $d_{ij}=\infty$。当网络为无权网络时,d 表示两节点之间最短路径上的边数。定义 $e_{ij}=1/d_{ij}$ 表示两节点 i 与 j 之间的效率,避免了节点对在不连通网络中节点距离为 ∞ 的情况。$e_{ii}=1$ 表示节点 i 访问自身资源的效率为 1。

在 SDN 中,网络传输效率指标(transmission efficiency,TE)定义为

$$\text{TE}=\sum_{i\in V/C}s_i+\frac{1}{2}\sum_{p\in C}\sum_{q\in C}1/d_{pq} \tag{7-1}$$

式中,$s_i=\max_{j\in C}1/d_{ij}(i\in V/C)$ 为交换机节点 i 能访问到最近的即效

率最高的控制器节点 j；d_{pq} 为控制器节点对 p 和 q 之间最短路径上的边数。传输效率指标 TE 中的第一项用来描述 SDN 中普通的交换机节点访问控制器放置节点的效率，第二项用来描述任意一对控制器放置节点对之间交换信息的难易程度。SDN 传输效率指标 TE 越大，网络中交换机访问控制器资源及控制器之间交换信息越容易，SDN 传输效率越高。

考虑到有限资源约束，研究引入了 Cpr 指标，该指标表示能访问到控制器资源的控制覆盖节点数占网络中所有节点总数的比例。Cpr 指标定义为

$$\text{Cpr} = n_c / n \tag{7-2}$$

式中，n_c 表示能访问到控制器资源的控制覆盖节点总数，它包括能访问控制器资源的普通交换机节点，也包括部署了控制器资源的控制器节点自身。给定满足需求的控制覆盖率表明突发事件下不要求网络中的交换机被控制器完全覆盖，在不影响网络基本服务功能情况下，允许极个别的偏远交换机访问不到控制器。

研究关注移除 SDN 中边的情景主要是针对以下两方面原因造成的边失效情景：①随机事件导致的边失效；②人为恶意破坏导致的边失效。实际中一定数目的边失效会带来巨大损失，且长时间无法恢复，修复或重建费用高昂。所以，本节主要研究最坏情况下移除边的情景（以下简称最坏情景），其更符合实际情况，具有更重要研究价值。在 m 条边的图 G 中移除任意边的情景集合记为 S，移除 k 条边的情景集合记为 S_k，移除 k 条边的最坏情景记为 $s_b (s_b \in S_k)$。讨论最坏情景下移除 k 条边的含义。

在图理论中，介数中心性指标是网络结构研究中的重要测度，反映了节点和边的信息处理能力和信息传递速率。边介数中心性（link/edge betweenness）是网络中任意节点对基于最短路径通过该边的所有路径的数目。移除 k 条边的最坏情景（worst-case k links removed）定义为用 L^{S_k} 表示最坏情景下移除 k 条边（$k = |L^{S_k}|$）的集合，其中，L^{S_k} 中的每一条移除边都是按照网络图中边介数中心性指标的降序排列顺序逐个移除得到的。本章将研究在移除 k 条边的最坏情景下，如何优化配置有限的控制器资源，使 SDN 既能满足给定的控制覆盖率需求，又能兼顾网络传输效率和负载均衡。

7.2　鲁棒控制器优化部署的启发式方法

关注 SDN 在任意 k 条链路失效情景下兼顾网络时延和负载均衡的最优控制器部署问题,简称 k-链路失效的鲁棒控制器优化部署问题(k-RCP 问题)。此时对 k-RCP 问题的形式化描述为:给定一个网络图 $G(V, L, V^0)$ 和控制器覆盖率,如何合理配置控制器备份资源所放置的配置节点集 V^c,使得优化后的网络图 $G^{S_k}(V, L - L^{S_k}, V^0 + V^c)$ 在移除 k 条边 ($k = |L^{S_k}|$) 最坏情景下仍能既满足给定的控制器覆盖率,又能兼顾网络控制器连通性和控制器有效性。

7.2.1　控制器优化部署模型

将 k-RCP 问题建模为整数线性规划的问题模型。模型包括以下内容:

输入:

(1) S_k:移除 k 条边的任一情景;

(2) s_b:移除 k 条边的最坏情景;

(3) L^{s_b}:最坏情景下移除 k 条边 ($k = |L^{s_b}|$) 的集合;

(4) cy:需优化配置的控制器备份资源;

(5) $A_{ij}^{s_b}$:移除 k 条边最坏情景下节点 i 与节点 j 之间的可达性;

(6) $E_{ij}^{s_b}$:移除 k 条边最坏情景下节点 i 与节点 j 之间的效率;

(7) Cpr:给定的网络控制器覆盖率。

变量:

(1) x_i:是一个 0~1 变量, $x_i = 1$ 表示节点 j 被选择放置控制器资源,否则 $x_i = 0$;

(2) $y_i^{s_b}$:是一个 0~1 变量,如果 $y_i^{s_b} \geqslant 0$,则 $y_i^{s_b} = 1$,否则 $y_i^{s_b} = 0$; $y_i^{s_b}$ 反映了在移除 k 条边最坏情景下,节点 i 是否能被所需的控制器资源覆盖。

目标函数:

$$\min \sum_{j=1}^{n} \frac{x_j}{e_j^{s_b}} - \frac{1}{n} \sum_{i=1}^{n} y_i^{s_b} \tag{7-3}$$

约束条件：

$$e_j^{s_b} = \frac{1}{n} \sum_{i=1}^{n} E_{ij}^{s_b} \qquad (7\text{-}4)$$

$$y_i^{s_b} = \sum_{j=1}^{n} \text{NCC}_{ij-cy}^{s_b} \qquad (7\text{-}5)$$

$$y_i^{s_b} \geqslant 0 \qquad (7\text{-}6)$$

$$\frac{\sum\limits_{i=1}^{n} y_i^{s_b}}{n} \geqslant \text{Cpr} \qquad (7\text{-}7)$$

$$x_j, y_i^{s_b} \in \{0,1\} \qquad (7\text{-}8)$$

相关说明：

（1）目标是通过优化配置最少的控制器备份资源，使网络在移除 k 条边的最坏情景下也能保证控制器覆盖率，并且兼顾改善网络的控制器连通性和控制器有效性。在目标式（7-3）中，使用节点的效率指标 $e_j^{s_b}$ 来控制候选配置节点的控制器有效性；使用 $\sum\limits_{i=1}^{n} y_i^{s_b}$ 参数控制覆盖分布在不连通子图中尽可能多的需访问控制器资源的节点，以保证网络的控制器覆盖率，参数 $1/n$ 用来调节函数取值的范围。

（2）式（7-4）给出了节点的效率指标。在移除 k 条边最坏情景下，候选的配置节点中应优先考虑节点效率指标高的节点，这样的配置节点意味着更少地控制信息传递时间和花费，更有利于 SDN 中控制信息的传播。

（3）式（7-5）和式（7-6）给出了节点的控制器覆盖性。式（7-5）指出在移除 k 条边最坏情景下，节点 i 是否能访问到所需控制器资源。式（7-6）指出网络中任意节点的控制器覆盖性应该是一个正数或者 0，正数表示节点能访问所需的控制器资源，0 表示节点不能访问到所需的控制器资源，也就是该节点没有被所需访问的控制器覆盖。

（4）式（7-7）是非常重要的约束条件，指出在移除 k 条边最坏情景下的网络控制器覆盖率，应大于给定的 SDN 控制器覆盖率。

7.2.2 鲁棒控制器优化部署启发式方法

首先考虑直接求解 ILP 模型的典型分支定界（branch and bound，BB）算法，简称为 BB_ILP。对于大规模的网络结构图，其解空间具有非常高的时间复杂度。因此，为有效求解整数线性规划问题模型，提出寻找最小最优控制器资源配置节点集合的启发式方法 k-RCP-HA。k-RCP-HA 方法的基本思想是：为保证满足移除 k 条边的最坏情景下的 SDN 控制器覆盖率，首先考虑选择最小的配置节点集合，最小的配置节点集合中的每一个配置节点应尽可能分布在不连通子图规模大的割块中，以保证覆盖尽可能多的控制器访问节点，保证 SDN 控制器连通性；其次在最小配置节点集合的基础上，选择最优的配置节点集合，最优配置节点集合中的每一个配置节点都应该是其所在不连通子图中节点有效性最高的候选配置节点，以保证 SDN 的控制器有效性。因此，为满足最坏情景下的 SDN 控制器覆盖率，寻找的最小最优配置节点集合既考虑了 SDN 控制器连通性，也兼顾了 SDN 控制器有效性。

根据 k-RCP-HA 方法的基本思想，可以将启发式算法的实现过程分解为以下三个阶段及其对应的子算法：

（1）寻找最坏情景下移除 k 条边的集合 L^{s_b}：对网络中的 $m(m = |L|)$ 条边按图中边介数中心性指标的降序进行排序，L^{s_b} 中的每一条移除边都是按照边介数中心性指标的降序排列逐个移除得到的。

（2）寻找最小的配置节点集合：为满足移除 k 条边最坏情景下 SDN 控制器覆盖率，最小的配置节点集合中的每一个配置节点应尽可能分布在不连通子图规模大的割块中，以保证覆盖尽可能多的控制信息访问节点，实现通过最少数目的控制器资源的配置，满足给定的 SDN 控制器覆盖率，保证网络的连通性。

（3）寻找最优的配置节点集合：在最小配置节点集合的基础上，寻找的最优配置节点集合中的每一个配置节点都应该是其所在不连通子图中节点有效性最高的候选配置节点，以保证网络的控制器有效性。

1. 寻找最坏情景下移除 k 条边的集合

移除 k 条边的最坏情景模拟了网络遭受严重故障或恶意的攻击，这种情况势必会影响到 SDN 控制信息的传输效率和网络结构的连通程度。根据经典的 GN 算法[16]可知，删除边介数中心性较高的边，整个网络会被快速地分割成多个不连通子网。因此，本书根据边介数中心性指标的大小依次移除相应的边，通过边介数中心性指标的降序排列逐个移除的边集合模拟了网络遭受严重故障或恶意攻击的最坏删边情况。

寻找最坏情景下移除 k 条边集合的子算法简称为 k-RCP-HA_1 子算法。k-RCP-HA_1 子算法基于 GN 算法，搜集给定图 G 中边介数中心性指标降序排列的 k 条边的移除边集合 L^{s_b}。已知 GN 算法的时间复杂度为 $O(nm^2)$。k-RCP-HA_1 子算法的主要实现步骤为：

（1）统计网络图 G 中所有边的边介数中心性指标。

（2）移除边介数中心性指标最大的边，并把该边并到移除边集合 L^{s_b} 中。

（3）移除一条边之后，重新计算此时网络中剩余所有边的边介数中心性指标。

（4）重复步骤（1）～（3），直到找到移除 k 条边最坏情景下的移除边集合 L^{s_b}，即满足 $L^{s_b}=k$。

2. 寻找最小配置节点集合

为满足移除 k 条边最坏情景下的 SDN 控制器覆盖率需求，寻找的最小配置节点集合中的配置节点应尽可能分布在不连通子图规模大的割块中，以保证覆盖尽可能多的控制信息的访问节点。k-RCP-HA_2 子算法用来寻找最小配置节点集合，其主要实现步骤包括：

（1）通过广度优先搜索（breadth first search，BFS）算法在移除 k 条边最坏情景下的网络图 G^{s_b} 中寻找所有的不连通子图。BFS 算法的时间复杂度为 $O(n+m)$。

（2）统计每一个不连通子图的规模（即统计连通子图中所有连通的节点的数目），按照不连通子图规模的降序进行排序。

（3）在保证满足给定 SDN 控制器覆盖率的基础上，按照不连通子图规模的降序统计确定最小配置节点集合。

3. 寻找最优配置节点集合

寻找到最小配置节点的集合，就能实现通过最少数目的 SDN 控制器资源的优化配置满足给定的 SDN 控制器覆盖率，保证网络的控制器连通性。但是，在满足给定 SDN 控制器覆盖率和保证 SDN 控制器连通性情况下，寻找到的最小配置节点集合并不唯一，可以有多种组合方案，每一种方案配置节点集合对应的 SDN 控制器有效性是不同的。因此，在进一步考虑控制器有效性的情况下，基于网络的控制器有效性指标进而寻找最优的配置节点集合是可行的，也是有必要的。

k-RCP-HA_3 子算法根据最小配置节点的集合，确定需要配置控制器资源的不连通子图的集合。在最小配置节点集合的基础上,在网络图 G^{s_b} 中寻找使其 SDN 控制器有效性最高的最优配置节点集合。k-RCP-HA_3 子算法的主要实现步骤有:

(1)根据不连通子图规模的降序排列,在规模最大的不连通子图中统计各个候选的配置节点的效率指标。在规模最大的不连通子图中,候选配置节点中效率最大的节点将被选为该子图的配置节点。若配置节点效率最大的候选配置节点不唯一,可随机选择其中一个节点作为该子图的配置节点。根据候选配置节点的效率指标 $e_j^{s_b} = \frac{1}{n}\sum_{i=1}^{n} E_{ij}^{s_b}$ 量化表示可知,两节点之间的效率 E_{ij} 可基于高效的最短路径算法进行统计,可利用的最短路径算法的时间复杂度为 $O(n^2 \log n)$。

(2)重复执行步骤(1),统计其他不连通子图中配置节点效率指标最大的候选配置节点。

(3)生成最小最优配置节点集合,配置控制器备份资源到最有配置节点集合中的节点上。

该算法流程图如图 7-2 所示。在一个具有 n 个节点 m 条边的网络图中选择最小最优的控制器资源配置节点集合,其中被选中放置控制器资源的节点变量 x_i 为 1,没有选中即不放置控制器资源的节点变量 x_i 为 0,这样的问题是 NP 问题,没有最优解。从 k-RCP-HA 算法分阶段和分步骤实现过程描述可知,其时间复杂度主要取决于第一阶段中统计边介数中心性指标的 GN 算法的时间复杂度和第三阶段中计算配置节点效率指标的最短路径算法的时间复杂度。综合分析上述三个子算法,可推导出 k-RCP-HA 算法在最坏情景下的时间复杂度为 $O(nm^2 + n^2 m \log n)$。在大规模网络图中,相比于求解典型分支定界算法 BB_ILP 的解空间具有指数时间的复杂度,k-RCP-HA 算法可以大大降低求解最小最优控制器资源配置节点集合运行的时间,并有效改善 SDN 控制信息的可达性和有效性的实际问题。

7.2.3　仿真结果与分析

1. 仿真环境和仿真目标

为验证 k-RCP-HA 算法的有效性,在给定实际的网络结构图和 SDN 控制器覆盖率约束的情况下,通过网络的控制器连通性和控制

```
┌─────────────────────────┐
│ 给定网络图 G(V, L, V⁰)和  │      寻找
│   控制器覆盖率 Cpr       │      最坏
└─────────────────────────┘      情景
          │ 基于GN算法              下移
          ▼                        除k条
┌─────────────────────────┐      边的
│ 寻找最坏情景下移除k条边   │      集合
│   的集合, G'(V, L−L_{S_k}, V⁰) │
└─────────────────────────┘
          │ 基于BFS算法
          ▼
┌─────────────────────────┐
│   寻找所有的不连通子图    │
│ G'=B₁∪B₂∪···∪b_p, |B₂|>  │
│  |B₁|>···|B_p|, max=|B₁|  │
└─────────────────────────┘      寻找
          │                       最小
          ▼                       配置
┌─────────────────────────┐      节点
│ 根据不连通子图规模降序排  │      集合
│  序,统计最小配置节点集合  │
└─────────────────────────┘
          │◄──────┐
          ▼       │
      ◇─────────◇ │
 否  ╱(|B₁|+|B₂|+···|B_q|)/n╲
◄───╲   ≥Cpr    ╱
      ◇─────────◇
          │ 是,确定最小
          ▼ 配置节点集合
┌─────────────────────────┐
│   基于最小配置节点集合,   │
│ 在{B₁,B₂,···,B_q}中寻找最优 │
│      配置节点集合         │      寻找
└─────────────────────────┘      最小
          │ 基于最短路             最优
          ▼ 径算法                 配置
┌─────────────────────────┐      节点
│ 在选定的不连通子图中计算每个 │   集合
│  节点的效率指标e_j,并依次在每个 │
│  不连通子图中选取效率指标最大  │
│  的节点充当控制器的配置节点   │
└─────────────────────────┘
          │
          ▼
┌─────────────────────────┐
│   生成最小最优控制器      │
│   配置节点集合 V_c        │
└─────────────────────────┘
          │
          ▼
      ┌───────┐
      │  结束  │
      └───────┘
```

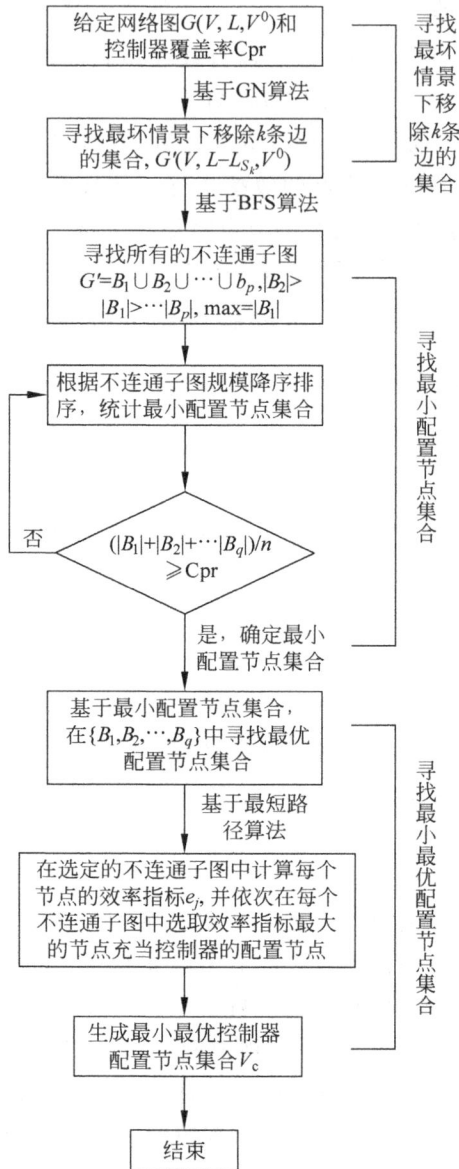

图 7-2 k-RCP-HA 算法流程图

器有效性指标来分析比较 k-RCP-HA 算法在提升网络可生存性的性
能。本节选择了 USA 和 NFSNET 两个实际的网络图进行最坏情景
下移除边的 SDN 控制器优化仿真实验。在典型的小规模 USA 网络
中,网络的节点数为 26,边数为 41,如图 7-3 所示;在典型的中小规模

的 NFSNET 网络中，网络的节点数为 79，边数为 109，如后文中的图 7-6 所示。

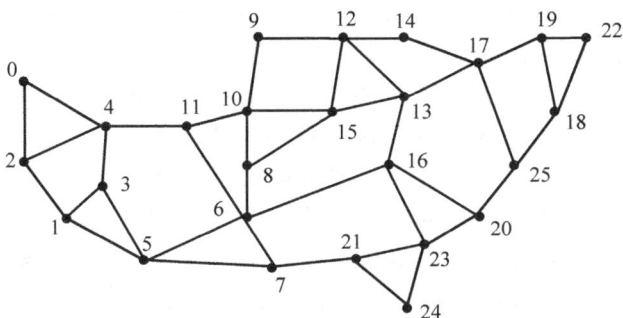

图 7-3 包含 26 个节点的 USA 网络

在仿真实验中，每条曲线值都表示运行 50 个轮次的平均值。仿真主要目标包括：

（1）测试在网络遭受故障或攻击的情况下，通过有限 SDN 控制器资源的优化配置是否能有效改善网络的控制器连通性和控制器有效性，提升 SDN 控制器服务的可生存性。

（2）在同等条件下，考察具有低的计算复杂性的 k-RCP-HA 算法，与具有高的计算复杂性的 BB_ILP 算法的 SDN 控制器优化配置能力的差异。

2. 基于 USA 网络的仿真结果

在如图 7-3 所示的 USA 网络中，假设在节点效率最高的节点 6 上放置了所需访问的控制器资源。在正常 SDN 环境下，网络中的所有节点都能高效地访问到节点 6 上的控制器资源。关注在网络遭受故障或攻击的情况下，基于有限控制器备份资源的优化配置能否有效地改善 SDN 的控制器连通性和控制器有效性。因此，基于边介数中心指标降序排列，在移除 8 条边（即 $L^{s_b}=\{(16,6),(15,13),(21,7),(13,12),(14,12),(11,4),(6,5),(7,6)\}$）最坏情景下，关注基于 k-RCP-HA 算法和 BB_ILP 算法优化 USA 网络控制器部署位置。

假设给定的控制器覆盖率为 85%。对于 BB_ILP 算法，在移除 8 条边的最坏情景下，为保证满足控制器覆盖率为 85%，得到的最优控制器配置节点集合 $V_c=\{3,17\}$；相同情况下，基于 k-RCP-HA 算法得到类似的最优控制器配置节点集合 $V_c=\{17,1\}$。

图 7-4 和图 7-5 描述了随着最坏情景下移除边数目的增加，原图、

基于 BB_ILP 和 k-RCP-HA 算法配置的图中 SDN 的控制覆盖率指标 Cpr 和网络传输效率指标 TE 的变化情况。图 7-4 描述了 Cpr 指标随着最坏情景下移除边数目的增加而下降的趋势,从图中数据分析可知:①相比较于原图中 Cpr 指标随着最坏情景下移除边数目增加而显著降低,基于 BB_ILP 和 k-RCP-HA 算法的优化结果能有效地改善 SDN 的控制覆盖率,Cpr 指标随着最坏情景下移除边数目增加而下降缓慢。特别是在原图中,最坏情景下移除 4 条边就会使 Cpr 指标发生变化,而在 BB_ILP 和 k-RCP-HA 算法对应的结果中,该结果被推迟到移除 9 条边的情况下,优化配置了 2 个控制器备份资源就明显地改善了网络的控制器连通性。②基于 k-RCP-HA 算法优化图的 Cpr 指标变化趋势与基于 BB_ILP 算法优化图的 Cpr 指标变化趋势是非常近似。由此可看出,具有低的计算复杂性的 k-RCP-HA 算法,可以获得与具有高的计算复杂性的 BB_ILP 算法相似的改善 SDN 控制器连通性的能力。

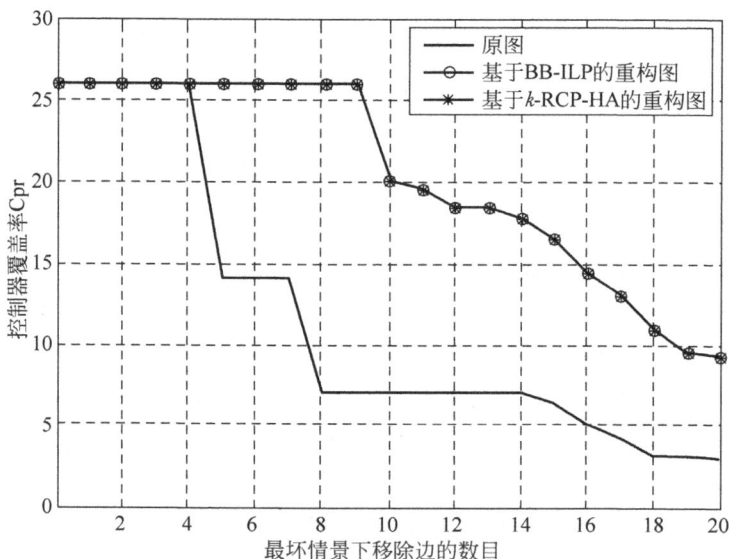

图 7-4 在移除边的最坏情景下原图与优化结果图的 Cpr 指标比较

图 7-5 描述了 TE 指标随着最坏情景下移除边数目的增加而下降的趋势,通过比较原图、基于 BB_ILP 和 k-RCP-HA 算法配置的优化结果图的 TE 指标的变化,从图中数据分析可知:①基于 BB_ILP 和 k-RCP-HA 算法的优化结果图能有效地兼顾改善 SDN 的控制器连通性和控制器传输效率,BB_ILP 和 k-RCP-HA 算法对 TE 指标曲线下

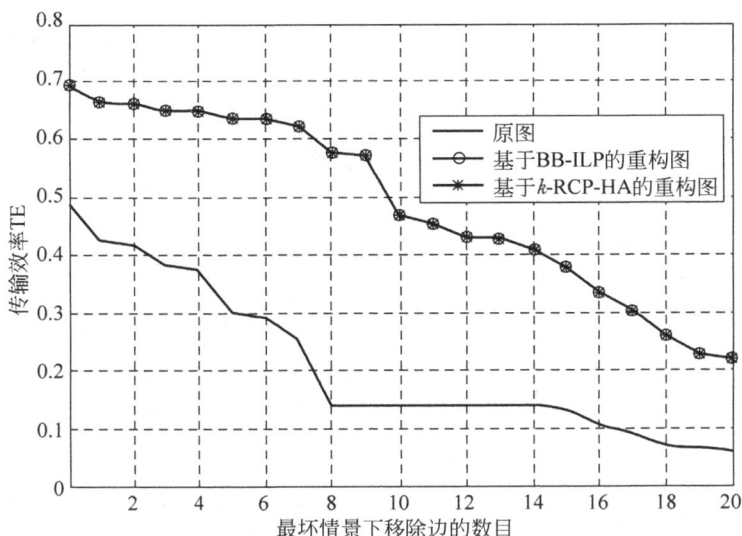

图 7-5　在移除边的最坏情景下原图与优化结果图的 TE 指标比较

降延缓的优势非常明显；②基于 k-RCP-HA 算法优化结果图的 TE 指标变化趋势同基于 BB_ILP 算法优化结果图的 TE 指标变化趋势是一致的。由此可知，无论是对于 SDN 的控制器连通性指标，还是对于 SDN 的控制器有效性指标，低计算复杂性的 k-RCP-HA 算法都可以获得与具有高的计算复杂性的 BB_ILP 算法相似的优化能力。

3. 基于 NFSNET 网络的仿真结果

为验证基于有限 SDN 控制器资源的优化部署能否有效改善 SDN 的控制器连通性和控制器有效性，在中小规模的 NFSNET 网络图上开展进一步的性能分析。在如图 7-6 所示的 NFSNET 网络中，假设在节点效率最高的节点 66 上放置了所需访问的控制器资源，正常 SDN 环境下，网络中的所有节点都能高效地访问到节点 66 上的控制器资源。假设给定的控制覆盖率为 85%。对于 BB_ILP 算法，在移除边的最坏情景下，为保证满足控制器覆盖率为 85%，得到的最优控制器配置节点集合 $V_c = \{46,54,70\}$。在相同情况下，基于 k-RCP-HA 算法得到类似的最优控制器配置节点集合 $V_c = \{70,46,54\}$。

图 7-7 描述了 Cpr 指标随着最坏情景下移除边数目的增加而下降的趋势变化。通过比较原图、基于 BB_ILP 和 k-RCP-HA 算法对应优化结果图的 Cpr 指标的变化分析可知，k-RCP-HA 算法和 BB_ILP 算法对改善 SDN 的控制器连通性的优势非常明显。图 7-8 描述了

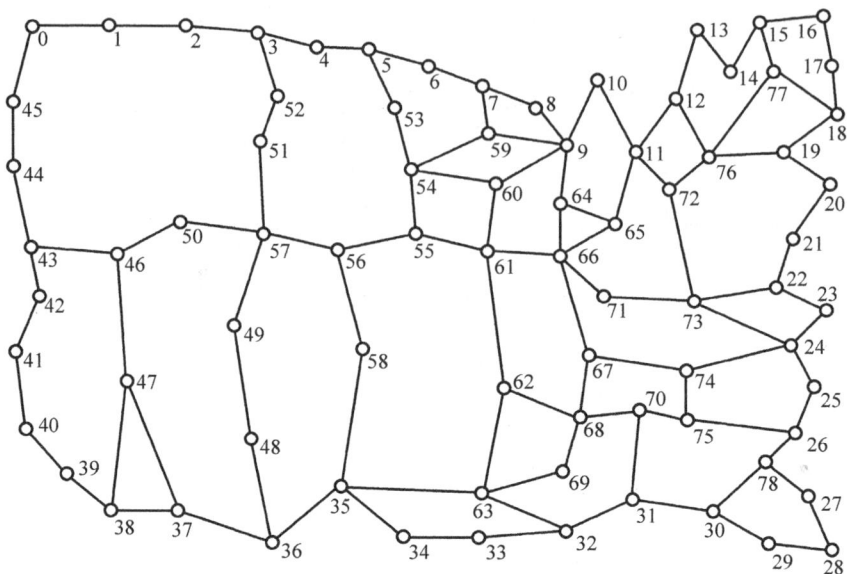

图 7-6　包含 79 个节点 NFSNET 网络图

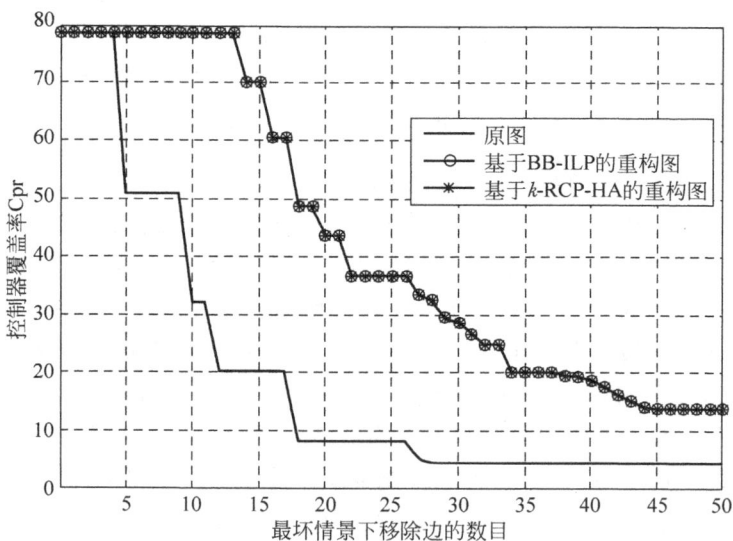

图 7-7　在移除边的最坏情景下原图与优化结果图的 Cpr 指标比较

TE 指标随着最坏情景下移除边数目的增加而下降的趋势。从图 7-8
中也可以得出相同的结论，k-RCP-HA 算法和 BB_ILP 算法不仅能有
效地改善 SDN 的控制器连通性，也能明显地改善控制器有效性。

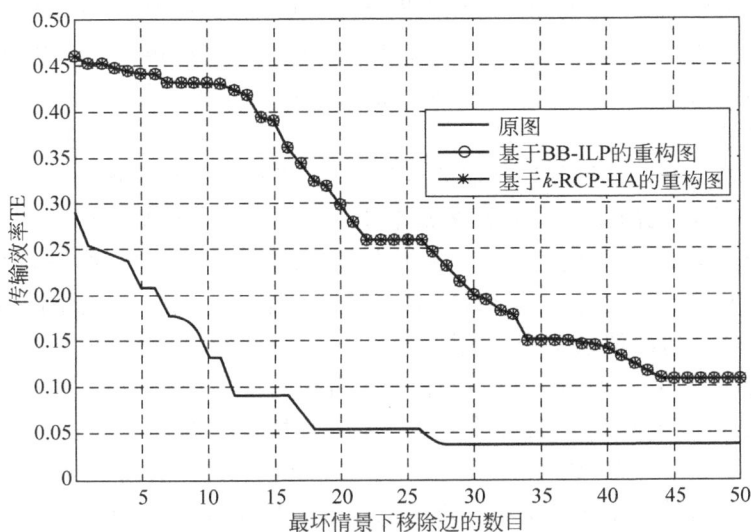

图 7-8　在移除边的最坏情景下原图与优化结果图的 TE 指标比较

对图 7-4、图 7-5、图 7-7 和图 7-8 分析可以得出，在移除网络中边的最坏情景下，基于有限 SDN 控制器资源的优化配置 k-RCP-HA 算法可以有效地改善 SDN 的控制器连通性和控制器有效性指标，提升 SDN 控制器服务的可生存性。此外，通过对比分析可知，无论是对 Cpr 指标还是对 TE 指标，具有低的计算复杂性的 k-RCP-HA 算法与具有高的计算复杂性的 BB_ILP 算法相比，都具有相似的 SDN 控制器优化部署能力。

7.3　基于对偶模型的鲁棒控制器优化部署方法

7.3.1　鲁棒控制器优化部署模型

对于 SDN 中链路失效的情景，网络中任意 k 条链路遭遇故障或攻击通常会影响网络传输及网络基本功能，研究 SDN 中鲁棒的控制器优化部署问题具有重要意义。兼顾 SDN 时延和负载的鲁棒的控制器优化部署问题可描述为：给定一个 SDN，已知其交换机和链路的拓扑结构，如何合理部署最优的控制器资源，使 SDN 在任意移除 k 条链路的情景下，在保证控制器能访问到的交换机节点比例不低于要求 Cpr 水平的同时，实现控制器的负载均衡功能且降低交换机到控制器及控制器之间的平均时延。

可将 SDN 建模为一个无向网络图 $G(V,L)$，其中，V 表示交换机（节点）集合，设共有 n 个节点，L 表示连接交换机的链路（边）集合，m 表示边的数目。C 表示控制器节点集合，即放置控制器的交换机节点集合，V/C 表示普通的交换机节点集合，可以得到 $V=C\cup V/C$。C^0 表示初始时已部署的控制器节点集合，$C^0\subseteq C$。x 和 y 是两个 0/1 变量，x 表示控制器是否部署在某个交换机上，$x_j=1$ 表示控制器部署在交换机 j 上，否则为 0。y 表示交换机 i 是否可以访问部署在交换机 j 上的控制器资源，如果是，则 $y_{ij}=1$，否则 $y_{ij}=0$。在网络图 G 中移除任意边的情景集合，记为 S，并且每一种边失效情景出现的概率记为 q^s。其中，移除 k 条边的情景集合记为 S_k，移除 k 条边的任一情景记为 $s_k(s_k\in S_k)$，且移除 k 条边的最坏情景记为 $s_b(s_b\in S_k)$。

为求解 k-RCP 问题，首先建立 k-RCP 问题的整数线性规划模型，该模型通过优化配置最小代价的控制器资源，以满足任意 k-链路失效情况下 SDN 中控制器的控制覆盖率。将 k-RCP 问题建模的整数线性规划模型简称为 k-RCP_ILP 模型。建模 k-RCP_ILP 模型包括以下内容：

输入：

（1）n：SDN 中节点的数量；

（2）S_k：移除 k 条边的所有情景集合；

（3）s_k：移除 k 条边的任一情景，$s_k\in S_k$；

（4）s_b：移除 k 条边的最坏情景，$s_b\in S_k$；

（5）q^{s_k}：情景 s_k 出现的概率，$\sum\limits_{s_k\in S_k}q^{s_k}=1$；

（6）f_j：在节点 j 上放置控制器的代价；

（7）$c_{ij}^{s_k}$：在情景 s_k 下，节点连接 i 到控制器 j 的时延；

（8）Cpr：表示给定的 SDN 控制覆盖率。

变量：

（1）x_j：是一个 0/1 变量，$x_j=1$ 表示节点 j 被选择放置控制器资源，否则 $x_j=0$；

（2）$y_{ij}^{s_k}$：是一个 0/1 变量，表示节点 i 在情景 s_k 中是否被控制器放置节点 j 覆盖，如果是，则 $y_{ij}^{s_k}=1$，否则 $y_{ij}^{s_k}=0$；

（3）$r_i^{s_k}$：是一个 0/1 变量，表示节点 i 在情景 s_k 中是否为偏远节点，如果是，则 $r_i^{s_k}=1$，否则 $r_i^{s_k}=0$。

目标函数:

$$\min \sum_{j \in V} f_j x_j + \sum_{s_k \in S_k} q^{s_k} \sum_{i \in V} \sum_{j \in V} c_{ij}^{s_k} y_{ij}^{s_k} \tag{7-9}$$

约束条件:

$$y_{ij}^{s_k} \leqslant x_j \quad \forall i,j \in V, \forall s_k \in S_k \tag{7-10}$$

$$\sum_{j \in V} y_{ij}^{s_k} + r_i^{s_k} = 1 \quad \forall i \in V, \forall s_k \in S_k \tag{7-11}$$

$$\sum_{i \in V} r_i^{s_k} \leqslant n(1 - \text{Cpr}) \quad \forall s_k \in S_k \tag{7-12}$$

$$y_{ij}^{s_k}, x_j, r_i^{s_k} \in \{0,1\} \quad \forall i \in V, \forall s_k \in S_k \tag{7-13}$$

相关说明:

(1) k-RCP_ILP 的目标是通过优化部署最少的控制器节点,使 SDN 在移除 k 条边的任意情景下也能保证控制覆盖概率 Cpr 的要求,并且兼顾改善 SDN 的控制器传输效率。式(7-9)用节点的时延指标 $c_{ij}^{s_k}$ 来控制候选配置节点的传输效率;用控制器配置代价 f_j 参数使得控制覆盖率不低于 Cpr 的同时,使控制器的配置代价最小。

(2) 式(7-10)保证在所有情景中,节点 j 已经选为控制器放置节点后,才能将其他交换机节点 i 连接到该控制器上。若 $x_j = 0$,则 $y_{ij}^{s_k} = 0$, $i \in V$;若 $x_j = 1$,则 $y_{ij}^{s_k} = 1/0, i \in V$。

(3) 式(7-11)保证在所有情景中,节点要么是受控的交换机节点,要么是偏远交换机节点。特别说明,当节点 j 选为放置控制器的节点时, $y_{ij}^{s_k} = 1$。

(4) 式(7-12)是非常重要的约束条件,指出在移除 k 条边情景下的 SDN 控制覆盖率,应不低于给定的 SDN 控制覆盖率 Cpr。

由于在 SDN 任意断 k 条边的所有情景 S_k 中,寻找控制器放置节点集合 C,使得控制覆盖率在所有移除边情景中不低于 Cpr,该问题属于 NP 完全问题。

假设最坏移除边情景 s_b 发生的概率 $q^{s_b} = 1$,在移除 k 条边的最坏情景下, k-RCP 问题的整数线性规划模型 k-RCP_ILP 如下:

目标函数:

$$\min \sum_{j \in V} f_j x_j + \sum_{i \in V} \sum_{j \in V} c_{ij}^{s_b} y_{ij}^{s_b} \tag{7-14}$$

约束条件:

$$y_{ij}^{s_b} \leqslant x_j \quad \forall i,j \in V \tag{7-15}$$

$$\sum_{j \in V} y_{ij}^{s_b} + r_i^{s_b} = 1 \quad \forall i \in V \tag{7-16}$$

$$\sum_{i \in V} r_i^{s_b} \leqslant n(1 - \mathrm{Cpr}) \tag{7-17}$$

$$y_{ij}^{s_b}, x_j, r_i^{s_b} \in \{0,1\} \quad \forall i,j \in V \tag{7-18}$$

为求解 k-RCM_ILP 模型，对 0/1 整数进行约束松弛，建立其对应的线性规划模型 k-RCP_LP 为：

目标函数：

$$\min \sum_{j \in V} f_j x_j + \sum_{i \in V} \sum_{j \in V} c_{ij}^{s_b} y_{ij}^{s_b} \tag{7-19}$$

约束条件：

$$y_{ij}^{s_b} \leqslant x_j \quad \forall i,j \in V \tag{7-20}$$

$$\sum_{j \in V} y_{ij}^{s_b} + r_i^{s_b} = 1 \quad \forall i \in V \tag{7-21}$$

$$\sum_{i \in V} r_i^{s_b} \leqslant n(1 - \mathrm{Cpr}) \tag{7-22}$$

$$y_{ij}^{s_b}, x_j, r_i^{s_b} \in \{0,1\} \quad \forall i,j \in V \tag{7-23}$$

由于该模型为最小化求解，可以将式(7-21)改为：

$$\sum_{j \in V} y_{ij}^{s_b} + r_i^{s_b} \geqslant 1 \quad \forall i \in V \tag{7-24}$$

利用线性规划问题的对偶规划，建立其对应的对偶规划模型 k-RCP_DOLP：

目标函数：

$$\max \sum_{i \in V} \alpha_i + n(\alpha - 1)q \tag{7-25}$$

约束条件：

$$\sum_{i \in V} \beta_{ij} \leqslant f_j \quad \forall j \in V \tag{7-26}$$

$$\alpha_i - \beta_{ij} \leqslant c_{ij} \quad \forall i,j \in V \tag{7-27}$$

$$\alpha_i - q \leqslant 0 \quad \forall j \in V \tag{7-28}$$

$$\alpha_i, \beta_{ij}, q \geqslant 0 \quad \forall i,j \in V \tag{7-29}$$

在对偶规划模型 k-RCM_DOLP 中，根据式(7-26)可知，对偶变量 β_{ij} 可以理解为交换机节点 i 对其连接的控制器节点 j 放置代价 f_j 的贡献值。根据式(7-27)可知，对偶变量 α_i 可以被理解为交换机节点 i 的总消耗代价，总消耗代价包括交换机 i 连接其控制器 j 的时延 c_{ij} 和交换机 i 对其连接的控制器开设代价 f_j 的贡献值 β_{ij}。对偶变量 q

理解为交换机总消耗代价 α_i 的最大值。

7.3.2　k-RCP 算法

为求解提出的 k-RCP 问题,本节提出了兼顾网络时延和负载均衡的鲁棒的 k-RCP 算法。k-RCP 算法由三部分组成,包括刻画最坏情景下移除边的 GN 算法(记为 k-RCP-GN)、关键部分实现算法——对偶近似(记为 k-RCP-DOLP)算法和偏远交换机节点提取(记为 k-RCP-outliers)算法。k-RCP-GN 算法实现基于经典的社区提取算法 GN 算法,能有效提取社区和平分 SDN,有助于提高控制器鲁棒性和实现控制器负载均衡。为有效求解 k-RCP 问题,研究分析了常用于求解 k-RCP_ILP 模型的典型分支定界算法中存在的问题。为降低分支定界算法的时间复杂度,本节提出了寻找最小最优的控制器优化配置节点集的 k-RCP-DOLP 近似算法。k-RCP-DOLP 近似算法的设计思路源于设施选址问题中的对偶近似算法[14],但为求解 k-RCP 问题重新进行了设计和调整。在求解 k-RCP 最优控制器部署方案的过程中,为了避免部分偏远节点对控制器部署方案效率的影响,结合 k-RCP-DOLP 算法,提出用于偏远节点提取的 k-RCP-outliers 算法。

1. k-RCP-GN 算法

经典社区发现,GN 算法在提取出社区结构的同时以最快的速度将网络分割成相对均匀的子网,能够显著提高负载均衡的同时提高控制器对链接失效的鲁棒性。因此,本节选择使用 k-RCP-GN 算法实现 SDN 中移除 k 条边的最坏情景。k-RCP-GN 算法的时间复杂度为 $O(knm)$。

k-RCP-GN 算法实现主要步骤为:①初始 $num=0$,$L^{s_b}=\varnothing$。②对拓扑图中边的边介数中心性排序,在拓扑图中删除边介数中心性指标最大的边 l。③$num=num+1$,$L^{s_b}=L^{s_b}\bigcup\{l\}$。④检查 num 是否等于 k,如果 $num<k$,则重复第②、③步;如果 $num=k$,则执行第⑤步。⑤SDN 最坏情景中断的 k 条边的集合为 L^{s_b}。

k-RCP-GN 算法的特点如下:

(1) 当网络中有社团结构时,k-RCP-GN 算法可以提取出社团结构。利用社团结构的稠密性,可以在社团中根据 k-RCP-DOLP 算法选择传输效率最高且代价最小的控制器配置节点集合。每个社团结构中的节点由该社团中的控制器控制,显著提高了控制器面对链接失效时的鲁棒性。

如图 7-9(a)所示，网络拓扑中有 22 个节点、37 条边，且具有明显的社团结构。当 $k=5$ 时，根据 k-RCP-GN 算法，其最坏情景移除边集合为 $L^{sb}=\{(11,21),(6,19),(12,16),(4,15),(1,9)\}$。根据最坏情景移除边集合 L^{sb} 得到如图 7-9(b)所示的最坏情景网络拓扑图，全局网络拓扑被分割成三个均匀的互不连通的社团结构 G_1、G_2 和 G_3，三者均具有明显稠密特征。为了选取传输效率高且代价小的交换机节点集合配置控制器，在图 7-9(b)上运行 k-RCP-DOLP 算法，得到控制器配置节点集 $C=\{2,10,19\}$，见图 7-9(b)中红色标记节点。每个社团结构中的交换机由该社团结构中的控制器控制。由此可见，利用 GN 算法提取出社区 G_1、G_2 和 G_3 能有效改善控制器面临链接失效时的鲁棒性。

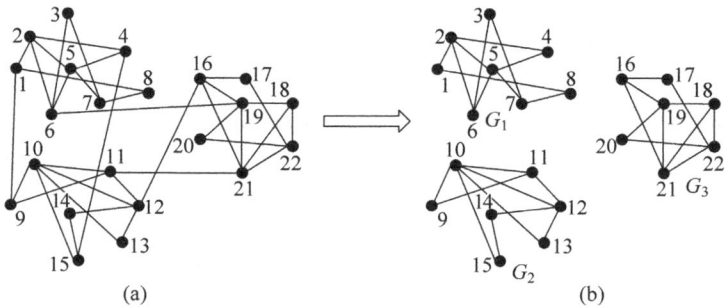

图 7-9　社团结构拓扑图最坏情景示例图（见文前彩图）
(a) 全局网络拓扑图；(b) 最坏情景及其控制器配置结果

（2）当 SDN 中无明显的社团结构时，k-RCP-GN 算法能够以最快的速度将网络分割成较均匀的多个不连通子网。k-RCP-DOLP 算法在各个子网中选择传输效率最优且代价最小的控制器部署方案，使各子网中的控制器管理对应子网中的交换机，能有效改善控制器负载均衡问题。

如图 7-10(a)所示的 USA 网络拓扑图有 26 个节点，42 条边，且没有明显的社团结构。当 $k=10$ 时，根据 k-RCP-GN 算法，其最坏情景移除边集合为 $L^{sb}=\{(6,16),(13,15),(7,21),(12,13),(12,14),(4,11),(5,6),(6,7),(20,25),(13,17)\}$。

根据最坏情景移除边集合 L^{sb} 得到如图 7-10(b)所示的最坏情景网络拓扑图，全局网络拓扑被分割成四个较均匀的互不连通的子网

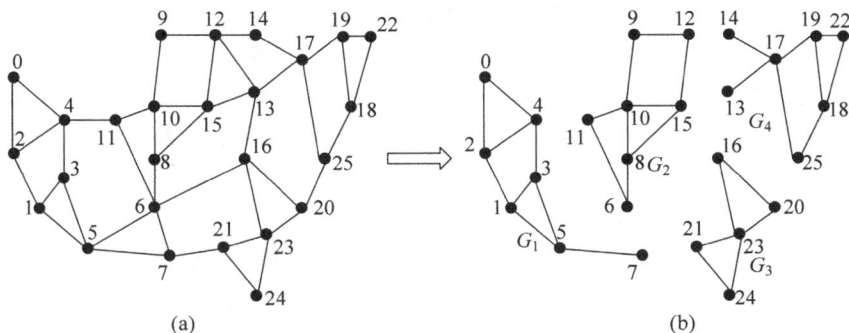

图 7-10 无社团结构的 USA 网络负载均衡示意图（见文前彩图）

（a）USA 网络全局拓扑图；（b）USA 网络最坏情景及控制器配置结果

G_1、G_2、G_3 和 G_4。为了选取传输效率高且代价小的节点集合配置控制器，在图 7-10（b）上运行 k-RCP-DOLP 算法，得到控制器配置节点集 $C=\{1,10,17,23\}$，见图 7-10（b）中红色标记节点，每个分割中的社团结构中的交换机由该社团结构中的控制器控制。各个控制器的负载情况见表 7-2。由表 7-2 可见，利用 k-RCP-GN 算法得到的最坏情景网络拓扑能有效改善 SDN 无链接失效时的负载均衡问题。

表 7-2　USA 网络控制器负载表

控制器	被控制的交换机节点	负载数量
1	0,1,2,3,4,5,7	7
10	6,8,9,10,11,12,15	7
17	14,17,18,19,22,25	6
23	13,16,20,21,23,24	6

2. k-RCP-DOLP 算法

当 SDN 遭受严重故障或恶意的攻击时，势必会影响网络控制器服务效率和网络结构的连通程度。经典的 GN 算法模拟了网络遭受严重故障或恶意攻击的最坏删边情况。为实现通过最少数量的控制器配置，满足给定的 SDN 控制覆盖率和保证网络的传输有效性，提出对偶近似算法。k-RCP-DOLP 算法借鉴无容量限制设施选址问题 UFLP 中的对偶近似算法，根据 k-RCP 问题重新进行了设计和优化，时间复杂度为 $O(n^3)$。

UFLP 问题与 SDN k 链路失效的控制器放置问题有许多相似之处，但也存在诸多不同点，二者的区别主要有如下两点：

（1）在 UFLP 问题中，需求节点和设施节点是两个不相交的节点集合，但是在 k-RCP 问题中，交换机节点集合与备选控制器放置节点集合为同一集合。在 k-RCP 问题中，网络拓扑中的任意一个节点是否为控制器放置节点或者被控制的普通交换机节点是根据算法最终的结果而确定的。

（2）在中小规模 UFLP 问题的对偶近似算法中，设施的编号对最终结果的影响剧烈，由于设施选址问题备选设施节点集合比较稀疏且没有链接失效问题，所以影响微弱。但在 k-RCP 问题中，考虑到链接失效时的控制覆盖率及备选控制器放置节点集合的稠密特点，需消除 UFLP 问题中编号对结果的强烈影响。

接下来介绍 k-RCP-DOLP 算法。为求解 7.3.1 节中的 k-RCP_DOLP 模型，先不考虑偏远节点的影响，即不考虑 k-RCP_DOLP 模型中的限制条件(7-26)。用于偏远节点提取的 k-RCP-outliers 算法将在 7.3.3 节单独详细介绍。根据 k-RCP_DOLP 模型限制条件(7-27)及求最大值的目标函数要求可知，$\alpha_i - \beta_{ij} \geqslant 0$。由 k-RCP_DOLP 模型为极大值问题求解可知：

$$\sum_{i \in V} \beta_{ij} = f_j \quad \forall j \in V \tag{7-30}$$

$$\alpha_i - \beta_{ij} = c_{ij} \quad \forall i,j \in V \tag{7-31}$$

（1）初始值 $\alpha_i = 0$、$\beta_{ij} = 0$，$\forall i,j \in V$ 且 $C = \varnothing$，标记对任意节点 i 和 j，α_i 可以增加，β_{ij} 不可以增加。

（2）每次循环以单位 1 的幅度增加，对所有标记为可增加的 α_i 使 $\alpha_i = \alpha_i + 1$。

（3）检查所有的 $\forall i,j \in V$ 是否存在满足条件 $\alpha_i = c_{ij} \; \forall i,j \in V$ 的节点对，如果存在则执行第（4）步，如果不存在则执行第（5）步。

（4）标记满足条件 $\alpha_i = c_{ij}$ 的边 (i,j) 是紧的，且标记 β_{ij} 在下一次循环中可增加，此时 α_i 与 β_{ij} 同步增加，保证限制条件的满足，如果节点 j 已被选为控制器放置节点，则标记节点 i 已被控制，且其控制器节点为 j。

（5）对所有标记为可增加的 β_{ij} 使 $\beta_{ij} = \beta_{ij} + 1$。

（6）查找是否存在满足限制条件 $\sum_{i \in V} \beta_{ij} = f_j$ 的节点 j，如果存在则执行第（7）步，如果不存在则执行第（9）步。

（7）查找所有满足限制条件(7-28)的节点集合 $V^t = \left\{ j \mid \sum_{i \in V} \beta_{ij} = \right.$

$f_j \Big)$，统计集合 V^t 中每个节点可连接的交换机节点的数量，选择可连接交换机最多的节点 j' 标记为控制器放置节点。如何知道哪些交换机节点可被节点 $j \in V^t$ 控制呢？所有与节点 j 的连接边是紧的且尚未被控制器控制的交换机节点即为可以被节点 $j \in V^t$ 控制的交换机节点。

（8）标记 j' 为控制器放置节点，$C = C \cup j'$，且不再是普通交换机节点，标记所有可以被 j' 连接的交换机节点的控制器为 j'。

（9）检查是否所有节点 $i \in V$ 已被选中为控制器放置节点或者被控制器所控制的普通交换机节点，如果是，则终止；否则开始下一次循环，继续执行第（2）步。

3. k-RCP-outliers 算法

SDN 中的偏远节点对控制器的效率会产生较大的影响，且使网络的鲁棒性付出很高的代价[14]。当网络中断 k 条边时，为了使控制器覆盖尽可能多的交换机节点，可以借鉴设施选址问题中的 outliers 提取方法[17]，提取出网络中的偏远交换机节点。在不考虑偏远交换机节点影响的情况下放置控制器，即可降低偏远交换机节点对控制覆盖率的影响。k-RCP-outliers 算法的时间复杂度为 $O(n)$。

k-RCP-outliers 的详细算法可参考 Moses Charikar 和 Samir Khuller 等的存在偏远节点设施选址问题算法，下面对该算法做简要概述。

（1）修改实例：假设已知控制器部署方案的最优策略中，控制器放置代价的最大值为 f'。修改交换机节点的控制器放置代价，使得当 $f_j \geqslant f'$ 时，令 $f_j = \infty$，否则 f_j 不变。

（2）在修改过的实例上运行 7.3.2 节中的 k-RCP-DOLP 算法，但是随着程序的执行，当网络中有低于 $(1 - \mathrm{Cpr}) * |V|$ 个节点没有被选中为控制器放置节点或者已被控制的普通交换机节点时，即终止程序的运行。剩下的交换机节点则为被选中的偏远节点。

（3）在不考虑 outliers 的情况下部署控制器。

（4）将最终偏远节点 i 连接到与其连接费用 c_{ij}（$\forall j \in V_0$）最低且没有负载饱和的控制器放置节点上，实现对偏远节点的管理与控制。

7.3.3　k-RCP 算法分析

在任意断 k 条边的网络情景中，选择部分节点放置控制器，使得在所有情景中控制器的覆盖率都不低于 Cpr，已证明属于 NPC 问题。本节选择使用边介数的概念，利用 GN 算法，模拟 SDN 遭受严重故障或恶意攻击的最坏删边情景，提高控制器的鲁棒性。在该删边情景中选择一些节点放置控制器，使得控制器在最坏删边情景中的覆盖率不低于 Cpr，不仅简化了 NPC 问题，而且根据 GN 算法移除边的优点提高了控制器在随机断 k 条边时控制器的覆盖率和负载均衡问题。

最坏情况移除 k 条边之后，执行 k-RCP-DOLP 算法，得到控制器的放置节点及控制器的负载情况。将偏远交换机节点连接与其连接费用最低且没有负载饱和的控制器放置节点上，实现对偏远节点的管理与控制。

对 k-RCP 算法的分析主要针对两部分内容：算法复杂度和算法有效性。第一部分对 k-RCP 算法的三个组成部分分别进行时间复杂度分析，进而得到 k-RCP 算法的时间复杂度。第二部分利用 10^5 次随机模拟实验，验证 OS3E 网络面对链接失效时的控制覆盖率的有效性。对四种算法控制器部署的有效性进行对比，在综合考虑算法有效性及时间复杂度的基础上发现，k-RCP 算法具有明显的优势。

k-RCP 算法由三部分组成，分别为 k-RCP-GN、k-RCP-DOLP 和 k-RCP-outliers。k-RCP-GN 算法根据边介数指标模拟网络攻击行为。边介数的定义为网络中任意两个节点通过此边的最短路径的数目。计算最短路径的 floyd 算法的时间复杂度为 $O(mn)$，需要断 k 条边，则需要 k 次调用 Floyd 算法，因此 k-RCP-GN 算法的时间复杂度为 $O(kmn)$。k-RCP-DOLP 算法最多运行 n 次循环，每次循环中为了查找满足限制条件 $a_i = c_{ij}$ 的节点对，最坏需要遍历 $n \times n$ 的二维矩阵，因此 k-RCP-DOLP 算法的时间复杂度为 $O(n^3)$。k-RCP-outliers 算法的时间复杂度为 $O(n)$，k-RCP 算法的时间复杂度为 $O(kmn + n^3)$。

为了验证 k-RCP 算法的有效性，在 OS3E 网络中，对四种算法得到的控制器部署结果做随机模拟实验。即在 OS3E 网络中进行大量的随机移除边的模拟实验，统计在模拟实验中控制覆盖率低于要求水平 Cpr=0.85 的模拟实验所占的比例 p。p 越小，说明该控制器部署策略越有效。每组模拟断 k 条边的实验共做 10^5 次。图 7-11 为模拟实验得到的曲线图。

从图 7-11 可知，所有控制器部署策略的 p 值都随着移除边数量的增加而增加。在随机模拟实验中，Average-case Latency 算法、分支定界算法及 k-RCP 算法比 Worst-case Latency 算法的控制器部署有

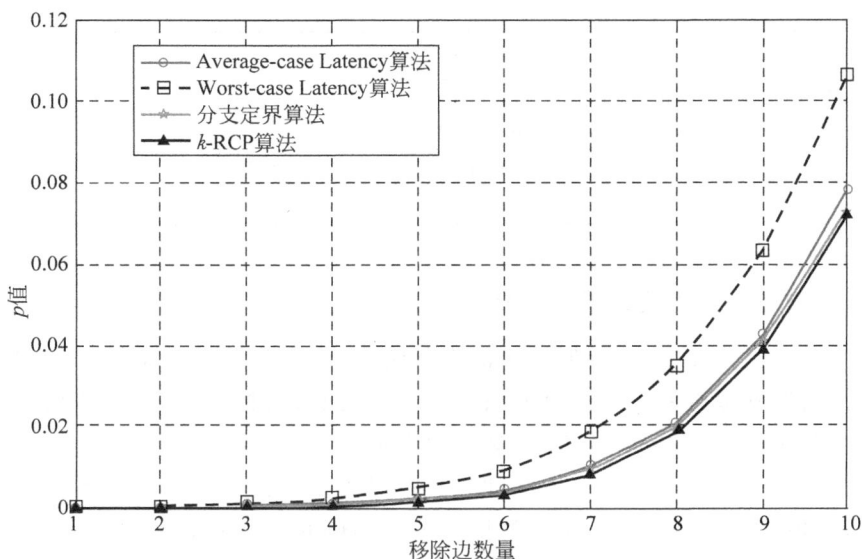

图 7-11　OS3E 网络控制器部署有效性对比图

效性有明显的提升。表 7-3 为各个 p 值的精确值。当 $k=8$ 时,基于 Worst-case Latency 算法的控制器部署结果中有 3.44% 的模拟实验的控制覆盖率低于 Cpr,即 10^5 随机模拟实验中有 3440 次实验的控制覆盖率低于 0.85。而基于 k-RCP 算法的模拟实验中低于 Cpr 的实验比例为 1.84%,即有 1840 次实验的控制覆盖率低于 0.85。分支定界算法的时间复杂度为 $O(2^n)$ 远远高于 k-RCP 算法的时间复杂度 $O(kmn+n^3)$。综合考虑时间复杂度及控制器有效性得出,k-RCP 算法有比较明显的优势。

表 7-3　控制器部署算法有效性说明表

k 值	p 值的精确值			
	Average-case Latency 算法	Worst-case Latency 算法	分支定界算法	k-RCP 算法
1	0	0	0	0
2	0	0	0	0
3	0.0002	0.0007	0	0
4	0.0007	0.0018	0.0003	0.0001
5	0.0014	0.004	0.0008	0.0007
6	0.0038	0.0084	0.0034	0.0029
7	0.0099	0.0182	0.0087	0.0078
8	0.0197	0.0344	0.0199	0.0184

k 值	p 值的精确值			
	Average-case Latency 算法	Worst-case Latency 算法	分支定界算法	k-RCP 算法
9	0.0422	0.0628	0.0401	0.0383
10	0.078	0.1066	0.0734	0.0722

7.3.4　仿真结果与分析

为验证 k-RCP 近似算法的有效性,在给定实际的网络结构图和网络控制覆盖率 Cpr 约束的情况下,通过网络的控制覆盖率、传输效率和负载均衡指标,分析比较 k-RCP 算法、Average-case Latency 算法、Worst-case Latency 算法和分支定界算法在提升网络控制器鲁棒性、传输效率和负载均衡的性能。本节选择 Rob Vietzke 团队使用的 OS3E 网络和 Topology Zoo 中的中型 US Carrier 网络两个实际的网络图进行最坏情景下移除边的 SDN 控制器优化仿真实验。

仿真实验的主要目标包括:

(1) 通过有限控制器的优化配置,判断是否能有效地改善当网络遭受故障或攻击的情况下的控制覆盖率和控制器传输效率,提升控制器的可生存性。

(2) 在同等条件下,考察具有低的计算复杂性的 k-RCP 算法,与具有高的计算复杂性的分支定界算法的控制器优化部署能力的差异。

(3) 使用 k-RCP 算法能否有效实现 SDN 无移除边情景时的控制器负载均衡问题。

在如图 7-12 所示的 OS3E 网络中,假设在节点效率最高的节点 13 上放置一个控制器,在正常网络环境下,网络中所有节点都能高效地访问节点 13 的控制器资源。我们关注在网络遭受故障或攻击情况下,基于有限控制器优化配置能否有效地改善网络的控制覆盖率和控制器传输有效性。因此,基于边介数中心指标降序排列,在移除 9 条边的最坏情景下,关注基于 k-RCP 算法、Average-case Latency 算法、Worst-case Latency 算法和分支定界算法优化部署 OS3E 网络控制器的能力。

假设给定的控制覆盖率 Cpr$=85\%$,分支定界算法得到的最优控制器配置节点集合为 $C=\{2,13,16,28,31\}$,负载情况见表 7-4;在相

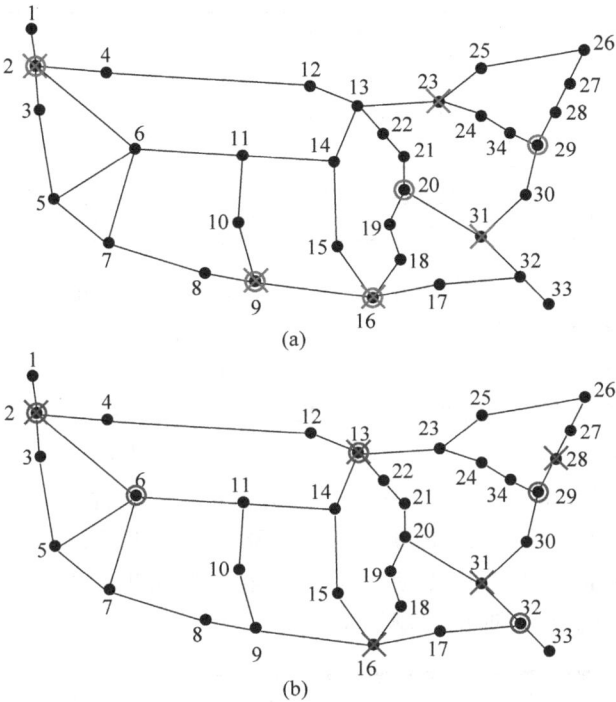

图 7-12　OS3E 网络控制器放置结果对比图

（a）Worst-case Latency 算法和 Average-case Latency 算法控制器配置结果；（b）分支定界算法和 k-RCP 算法的配置情况

注：图（a）中"✕"表示 Worst-case Latency 算法控制器配置结果，"〇"表示 Average-case Latency 算法控制器配置结果；图（b）中"✕"表示分支定界算法的配置情况，"〇"表示 k-RCP 算法的配置情况

同情况下，基于 k-RCP 算法得到的最优控制器配置节点集合为 $C=\{2,6,13,29,32\}$，负载情况见表 7-5。

表 7-4　OS3E 网络分支定界算法的负载情况

控制器	被控制的交换机	负载数量
2	1,2,3,4,5,6,7,11	8
13	12,13,14,21,22,23,24,25	8
16	8,9,10,15,16,17,18,19	8
28	26,27,28,29,34	5
31	20,30,31,32,33	5

表 7-5   OS3E 网络 k-RCP 算法的负载情况

控制器	被控制的交换机	负载数量
2	1,2,3,4,12	5
6	5,6,7,8,9,10,11	7
13	13,14,15,21,22	5
29	23,24,25,26,27,28,29,30,34	9
32	16,17,18,19,20,31,32,33	8

图 7-13 描述了控制覆盖率指标随着最坏情景下移除边数目的增加而下降的趋势。比较 Average-case Latency 算法、Worst-case Latency 算法、分支定界算法和基于 k-RCP 算法配置的控制器配置情况的控制覆盖率指标的变化,从图中数据分析可知:当在 OS3E 网络中断 10 条边时,Average-case Latency 算法和 Worst-case Latency 算法部署方案的控制覆盖节点数为 29,分支定界算法的控制器部署结果的控制覆盖节点数为 27,而 k-RCP 算法的控制器部署结果的控制覆盖节点数为 34。可知,基于 k-RCP 算法的控制器配置结果能有效改善 OS3E 网络在 k 链路失效时的控制器覆盖率。

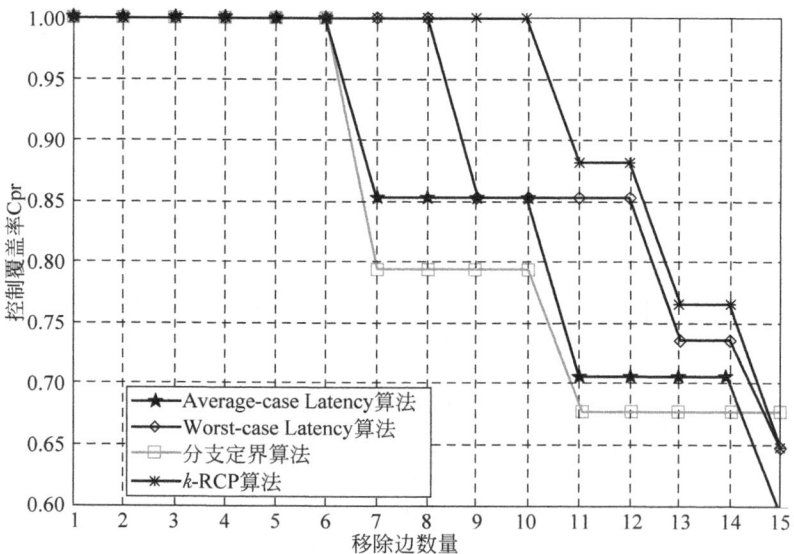

图 7-13   OS3E 网络依次移除边时的控制覆盖节点数对比图

由于在任意移除边之后可能造成网络不再连通,因此部分节点到控制器的时延为无穷大,致使网络的平均时延无法计算和比较,所以选用时延的倒数也就是效率指标来衡量控制器分布情景的优劣。

图 7-14 描述了 TE 指标随着移除边数目的增加而下降的趋势。由图 7-14 可知,当 OS3E 网络中依次断 3~15 条边时,k-RCP 算法的效率一直处于最高点,即传输效率最大。由此可见,无论是对于 OS3E 网络的控制器覆盖率指标、控制器的传输有效性指标,还是负载均衡指标,具有低的计算复杂性的 k-RCP 算法都可以获得较高的控制器优化配置能力。

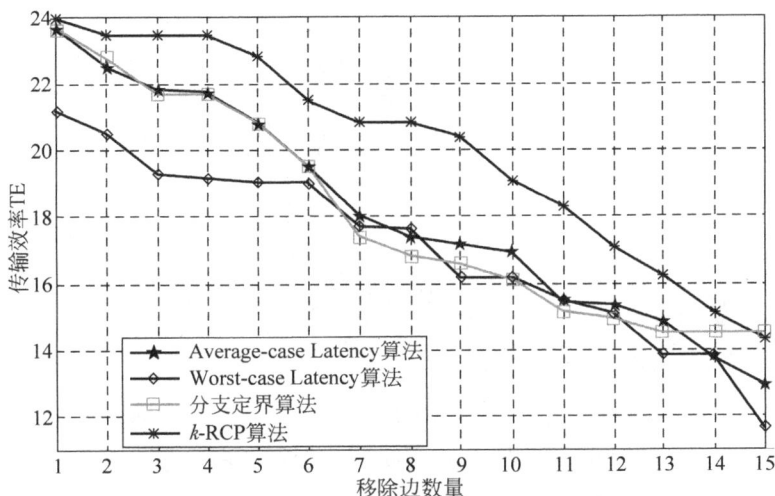

图 7-14　在移除边的最坏情景下的 TE 指标对比

为验证基于有限控制器优化部署方案能否有效地改善 SDN 的控制覆盖率、传输有效性和负载均衡,在中型规模的 US Carrier 网络图上开展进一步的性能分析。在如图 7-15 所示的 US Carrier 网络中,假设给定的控制覆盖率 Cpr=85%。对于 k-RCP 算法,在移除边的最坏情景下,为保证满足控制覆盖率 Cpr,得到的最优控制器配置节点集合 $C=\{6,18,28,39,48,60,67,69,86,91,98,102,116,136\}$,其负载情况见表 7-6。图 7-15 中节点用不同的颜色标记,相同颜色的节点由同一个控制器所管理。在相同情况下,基于分支定界算法得到的最优控制器配置节点集合 $C=\{2,10,18,28,40,48,60,70,81,91,99,102,125,136\}$,基于 Average-case Latency 算法和 Worst-case Latency 算法的最优控制器部署节点集分别为 $C=\{4,14,18,25,31,39,48,67,69,91,99,102,111,136\}$ 和 $C=\{3,8,15,27,35,38,50,55,81,92,100,107,120,135\}$。

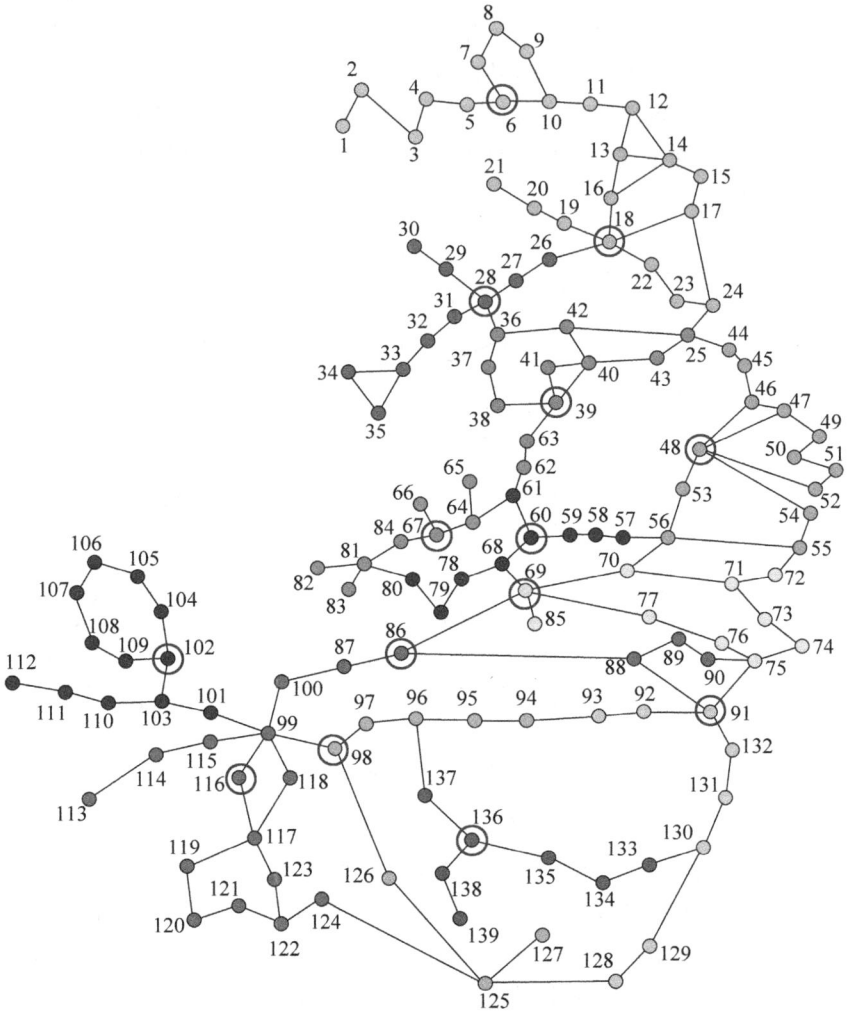

图 7-15   US Carrier 网络 k-RCP 算法控制器配置及负载结果(见文前彩图)

表 7-6   **US Carrier 网络 k-RCP 算法的负载情况**

控制器	被控制的交换机	负载数量
6	1,2,3,4,5,6,7,8,9,10,11	11
18	12,13,14,15,16,17,18,19,20,21,22,23,24	13
28	26,27,28,29,30,31,32,33,34,35	10
39	25,36,37,38,39,40,41,42,43,62,63	11
48	44,45,46,47,48,49,50,51,52,53,54,55,56	13
60	57,58,59,60,61,68,78,79,80	9

续表

控制器	被控制的交换机	负载数量
67	64,65,66,67,81,82,83,84	8
69	69,70,71,72,73,74,75,76,77,85	10
86	86,87,88,89,90,100	6
91	91,92,93,128,129,130,131,132	8
98	94,95,96,97,98,125,126,127	8
102	101, 102, 103, 104, 105, 106, 107, 108, 109, 110, 111,112	12
116	99,113,114,115,116,117,118,119,120,121,122, 123,124	13
136	133,134,135,136,137,138,139	7

图 7-16 描述了控制覆盖比例 Cpr 随着最坏情景下移除边数量的增加而下降的趋势变化。通过比较分支定界算法、Average-case Latency 算法、Worst-case Latency 算法和 k-RCP 算法对应控制器配置图的 Cpr 指标的变化分析可知,具有低计算复杂性的 k-RCP 算法对改善 SDN 的控制覆盖率的优势非常明显。图 7-17 描述了传输效率 TE 指标随着最坏情景下移除边数量的增加而下降的趋势,可以看出具有低计算复杂性的 k-RCP 算法对改善 SDN 网络的控制传输效率的优势明显,k-RCP 算法不仅能有效地改善 SDN 网络在链路失效时的控制覆盖率,也能改善控制器有效性,同时具有负载均衡处理能力。

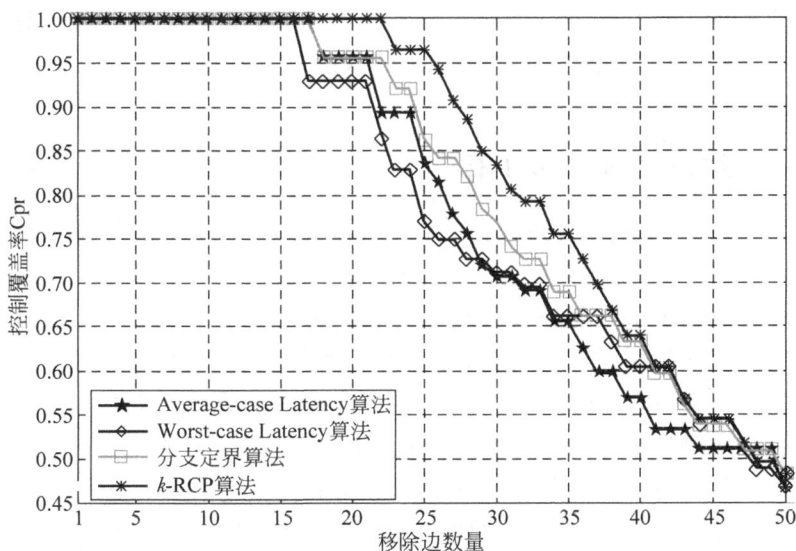

图 7-16　US Carrier 网络依次移除边控制覆盖节点数对比

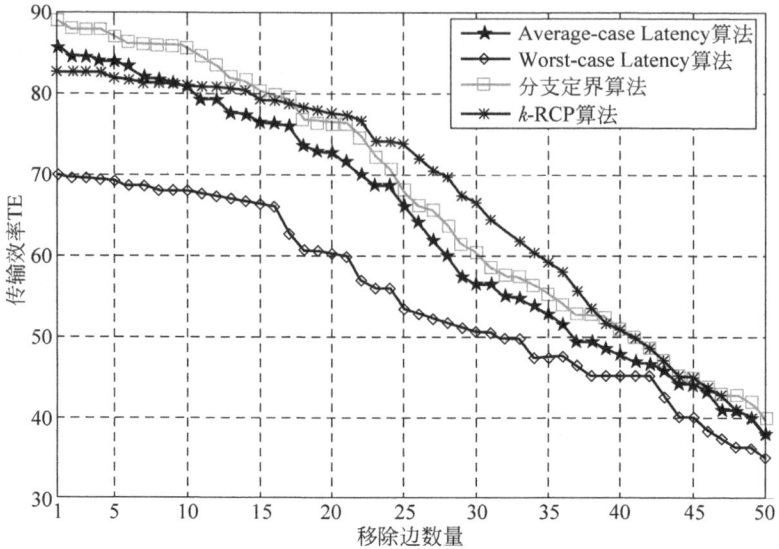

图 7-17　US Carrier 网络在移除边的最坏情景下的 TE 指标对比

综上所述,在移除 SDN 中边的最坏情景下,基于有限 SDN 控制器的优化配置 k-RCP 算法可以有效地改善 SDN 面对链接失效时的控制覆盖率和控制有效性指标,提升控制器服务的可生存性,并且可以解决无链接失效时的负载均衡问题。此外,通过对比分析可知,不论是对控制覆盖率指标的影响,还是对传输效率指标的影响,具有低的计算复杂性的 k-RCP 算法与具有高的计算复杂性的分支定界算法相比,k-RCP 算法同样具有较高的 SDN 控制器优化部署能力。

7.4　结论及进一步工作

在 SDN 遭遇故障或攻击的情况下,如何通过有限的控制器优化配置改善 SDN 控制器服务的可生存性是非常值得研究的课题。本章工作首次提出了 k-链路失效情景下兼顾网络时延和负载均衡的最优控制器部署问题,简称 k-链路失效的控制器部署。如何合理部署最优的控制器资源,使 SDN 在任意移除 k 条链路的情景下交换机到控制器的平均时延以及控制器之间的平均时延尽可能小,并使各控制器分配的负载尽可能均衡是本章工作的核心内容。为求解 k-RCP 问题,研究首先建立了 k-RCP 问题的整数线性规划模型,该模型通过优化配置最小代价的控制器资源,以满足任意 k-链路失效情况下 SDN 中控制器的控制覆盖率。为求解 k-RCP 问题,对 k-RCP 整数线性规划模型进行松弛,建立 k-RCP 的线性规划模型及其对偶规划模型,提出了兼顾网络时延和负载均衡的鲁棒的 k-RCP 算法,并对 k-RCP 算法的近似最优性进行了分析。仿真实验表明,k-RCP 算法能有效实现兼顾网络时延和负载均衡的 SDN 控制器的最优部署,能显著降低控制器优化部署问题的计算复杂性,并且提高了启发式算法的性能。

参考文献

[1] MCKEOWN N,ANDERSON T,BALAKRISHNAN H,et al. OpenFlow: enabling innovation in campus networks[J]. ACM SIGCOMM Computer Communication Review,2008,38(2):69-74.

[2] MONTAZEROLGHAEM A R,M. MOGHADDAM H Y,LEON-GARCIA A. OpenSIP: Toward Software-Defined SIP Networking[J]. IEEE Transactions on Network and Service Management,2018,15:184-199.

[3] MCKEOWN N, ANDERSON T, BALAKRISHNAN H, et al. Software-defined networking: The new norm for network, White Paper[EB/OL]. ONF,California,2012. https://opennetworking. org/sdn-resources/whitepapers/software-defined-networking-the-new-norm-for-networks/.

[4] HELLER B,SHERWOOD R,MCKEOWN N. The controller placement problem[C]//Proceedings of the First Workshop on Hot Topics in Software Defined Networks,2012:7-12.

[5] ERICKSON D. The beacon openflow controller[C]//Proceedings of ACM SIGCOMM Workshop on Hot Topics in Software Defined Networking, 2013:13-18.

[6] GUO S,YANG S,LI Q,et al. Towards controller placement for robust software-defined networks [C]//Proceedings of the IEEE International Performance Computing and Communications Conference,2015:1-8.

[7] KARAKUS M,DURRESI A. Quality of Service(QoS) in Software Defined Networking(SDN): A survey[J]. Journal of Network and Computer Applications,2017,80(5):200-218.

[8] YAO G,BI J,LI Y,et al. On the capacitated controller placement problem in software defined networks[J]. IEEE Communications Letters,2014,18(8): 1339-1342.

[9] LIAO J,SUN H,WANG J,et al. Density cluster based approach for controller placement problem in large-scale software defined networkings [J]. Computer Networks,2017,112:24-35.

[10] ROS F J,RUIZ P M. Five nines of southbound reliability in Software-Defined Networks[C]//Proceedings of ACM SIGCOMM Workshop on

Hot Topics in Software Defined Networking,2014：31-36.

[11] ROS F J,RUIZ P M. On reliable controller placements in Software-Defined Networks[J]. Computer Communications,2016,77：41-51.

[12] HU Y,WANG W,GONG X,et al. Reliability-aware controller placement for Software-Defined Networks ［C］//Proceedings of IFIP/ IEEE International Symposium on Integrated Network Management，2013：672-675.

[13] SHMOYS D B,TARDOS É,AARDAL K. Approximation algorithms for facility location problems(extended abstract)[J]. Proceedings of ACM Symposium on the Theory of Computing,1997,3(3)：265-274.

[14] JAIN K,VAZIRANI V V. Primal-dual approximation algorithms for metric facility location and k-median problems[J]. Foundations of Computer Science，1999：2-13.

[15] 李黎,郑庆华,管晓宏. 基于有限资源提升网络可生存性的拓扑重构方法[J]. 物理学报. 2014,63(17),170201.

[16] Girvan M,Newman M E J. Community structure in social and biological networks[J]. Proceedings of the National Academy of Sciences of the United States of America,2002,99(12)：7821-7826.

[17] CHARIKAR M,KHULLER S,MOUNT D M,et al. Algorithms for facility location problems with outliers(extended abstract)[J]. Twelfth Acm-Siam Symposium on Discrete Algorithms,2001：642-651.

[18] HELLER B,SHERWOOD R,MCKEOWN N. The controller placement problem[J]. Poceedings of the first workshop on Hot topics in software defined networks,2012：7-12.

第8章

社会网络中信息传播模型和引导控制方法

随着社交网络应用迅猛发展,不良网络信息的传播变得更加容易,影响更加严重。研究应对突发事件的网络信息传播机理,针对不良信息和极端言论传播实现有效引导控制,具有重要的现实意义与社会价值。在现有网络信息传播引导控制中,基于传统宏观层面和微观层面在控制时效和控制成效(尽可能降低风险)方面的明显不足,关注介于宏观和微观中间的中观结构(聚簇结构和关键节点集)开展高效实用的网络信息传播引导控制方法研究。同时,考虑到突发事件下有效信息的缺乏,网络上用户更容易受到社会性和随机性影响,产生级联行为。因此,探究中观结构优化和级联行为对网络信息传播的影响,整合中观结构和级联行为来提升应对突发事件的网络信息传播控制的时效性和成效性,是我们研究的新思路。

8.1 网络信息传播的引导控制方法

长期以来,网络信息传播研究主要有两大分支发展:信息传播过程演化建模和信息传播引导控制方法。本节关注网络信息传播引导控制方法的研究。基于网络结构优化的信息传播控制方法已有诸多研究成果,而基于用户群体行为,特别是级联行为的信息传播引导控制却鲜有研究。网络信息传播引导控制方法研究目前主要有两类:基于网络结构优化的传播阻断方法[1-3]和基于网络信息竞争的传播抑制方法[4-6]。

基于网络结构优化的传播阻断方法通过直接阻断信息传播的关键路径,快速获得相对稳定的控制效果,是一种直接有效的控制方法。目前信息传播阻断问题的研究主要分为两类:一类是减少邻接矩阵最大特征值,使信息传播的最少节点数量低于暴发门限。Prakash

等[7]提出了消息大规模传播门限理论,指出抑制信息传播只需使邻接矩阵的最大特征值(谱半径)减少到暴发门限以下,该结论为后续信息传播阻挡研究提供了理论依据。如何通过删除节点或边最快地减小谱半径是 NP-complete 和 NP-hard 问题,Saha 等[1]以删除节点集或边集的代价为最小目标,设计了一种减小谱半径地贪心游走算法,得到近似度较高的解。另外一类研究以信息传播到的节点数量最小为直接目标。Kuhlman 等[2]研究了一组基于边集删除的信息传播最小化问题。他们发现在复杂触染模型上,基于边集删除的传播最小化问题无法以任何常数因子近似,除非 P=NP。Khalil 等[3]研究了线性阈值模型下基于网络结构优化的传播控制方法,包括基于边删除的传播最小化问题和基于边增加的传播最大化问题。这两个问题都是 NP问题,它们的目标函数都具有超模性。此外,Zhang 等[4]将删除对象调整为以群组为单元,通过删除或者免疫最佳群组的方法以达到最佳阻断效果。基于网络结构优化的传播阻断方法是较为直接的信息传播控制方法,直接阻断了信息传播的关键路径,具有更加稳定快速的控制效果。但是在真实网络应用中,直接阻断策略可能会使得网络不连通,不能再提供基本的网络服务,这在很多情况下是不切实际的。

针对引入竞争信息的传播抑制方法研究,Budak 等[5]研究了社交网络的竞争性活动,将有害信息的抑制归为影响力限制问题,通过找到具有高影响力的节点子集即可最小化接收有害信息的节点数,从而抑制有害信息的传播。他们证明了传播影响阻断最大化问题在竞争独立级联模型上是 NP 问题,并证明了该问题的目标函数在两种竞争独立级联模型上是单调子模的,由此提出了具有近似保证比的贪心算法来解决该问题。He 等[6]基于传染病模型提出了一个异构网络,考虑了网络异质性和多种谣言传播应对措施的成本。他们同样证明了传播影响阻断最大化问题在竞争阈值模型上是 NP 问题,实现了确保谣言在预期时间内以最低成本灭绝的有效方案。Nguyen 等[8]研究了如何选择一组规模最小的节点集来传播有益信息进而抑制有害消息的传播,提出了能提供更小的初始感染集下界的贪婪算法和基于社区的方法。Fan 等[9]提出了从特定社区开始传播的最低成本谣言阻断问题来抑制谣言传播,该问题被抽象为找到最小的节点集来最小化社区邻居中被感染的节点数。研究介绍了两种影响力传播模型,并分别设计贪心算法和基于集合覆盖的贪心算法来解决两种传播模型上的谣言阻断问题。和基于网络结构优化的传播阻断方法相比,基于竞争信息的传播抑制方法是一种间接的信息传播控制方法,不会导致网络不连通,这类方法更适合用于真实社交网络环境,但控制效果较为缓和。

网络信息传播引导控制问题具有规模大、复杂性高和多维演化的特点。现有研究成果表明,网络结构对网络信息传播会产生重要影响,因此,探究网络结构演化特性,利用现有网络结构和有限可利用资源,优化网络结构对网络信息传播进行控制,是应急网络信息引导控制最有效、最合理的方式之一。同时,网络中群体行为和信息传播息息相关,探究群体聚集因素的属性特征,揭示群体行为影响网络信息传播的实质,是网络信息传播控制亟待进一步解决的问题。

现有研究仅关注网络结构优化的信息传播控制方法,或仅关注用户行为的信息传播方法都无法有效地模拟和仿真实际网络环境信息传播的机制。本节将采用复杂网络理论、系统动力学建模方法和最优控制理论,建立拓扑优化和行为级联互作用的传播动力学模型,揭示应对突发事件的网络信息传播机理,构建整合网络拓扑重构和用户行为级联的网络信息传播引导控制策略,分别提出基于删边聚簇的不良信息传播阻挡方法和基于节点影响力调控的信息传播方法。

8.2　网络结构和群体行为互作用的信息传播机理

网络结构和用户行为都对信息的流动有着重要的影响,传统的仅关注网络结构或仅关注用户行为的信息传播模型已无法有效地模拟和仿真实际网络环境中信息传播机制,迫切需要借助复杂网络理论和系统动力学来探索新的网络信息传播模型。

8.2.1　聚簇结构对信息传播的影响

鉴于传统宏观层面基于全网或用户统一行为的控制方法在复杂性、控制代价、控制时效等方面存在不足,微观层面渐进式拓扑控制或用户个体行为管理在控制时效和成效(尽可能降低风险)两方面也存在明显不足,本节关注介于宏观和微观中间的中观结构——聚簇结构,探讨聚簇结构对网络信息传播的影响,开展基于聚簇结构的网络信息传播引导控制的方法研究。

聚簇结构是社会网络中的中观结构,它既是网络中节点联系比较紧密的密集连接区域,也是网络中具有相似性行为倾向的个体的聚集体。在社会网络中,如果节点属于某聚簇结构,则该节点的大多数邻居节点也都属于该聚簇结构。在聚簇结构内部,节点个体的行为倾向于接近它们的邻居,当一个节点周围有足够多的邻居对某一事件采取同一行为时,它本身也会倾向于采取同样的行为。本质上,当一个级联遇到内部连接较为紧密的聚簇时,级联就会停下来,这是唯一致使级联停止的原因[10]。

图 8-1 中,节点 7 与节点 8 之间的连边(7-8)是边介数最大的边。在图 8-1 中依次删除边介数最大的两条边(7-8)和(3-4)之后,原图 8-1 中的三个聚簇的聚簇密度分别变为 0.66、0.66 和 1。其中,聚簇 1 和聚簇 3 的聚簇密度分别增加了 0.16 和 0.2。可以看出,临时删除或管制边介数较大的边意味着移除聚簇结构之间的连边。如果聚簇结构之间没有这些连边,许多节点间的路径就会发生变化,导致传播距离增加;同时也可以观察到,删除高介数的边是快速增加网络聚簇密度的有效方法。根据聚簇结构特性和聚簇密度定义可知,聚簇密度的大小与处于聚簇结构边缘的弱连接的端节点的邻居节点变化密切相关。鉴于高介数边通常是网络中连接不同聚簇结构之间的弱连接,删除高介数的边意味着最大可能增加了边所连接的两个端节点所在聚簇的聚簇密度。

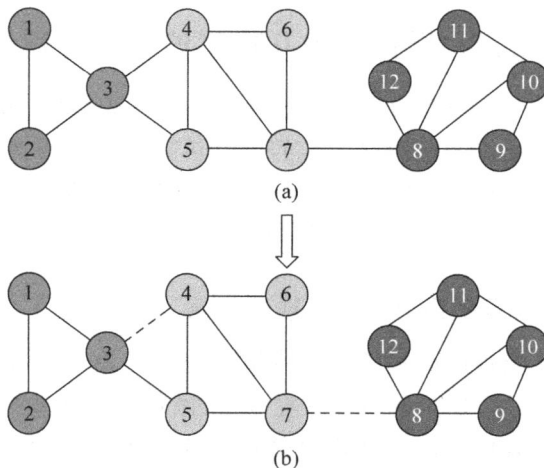

图 8-1 聚簇结构的聚簇密度示例

(a) 初始图中聚簇密度为 0.5(左1)、0.66(中2)和0.8(右3);(b) 有限删边后聚簇密度为 0.66(左1)、0.66(中2)和1.0(右3)

　　人们之间的交往和互动往往发生在有限的范围而不是全局范围，也就是说，人们倾向于与相近的人互动，如邻居、朋友及同事，来自网络外部的"新"的信息想要闯入一个紧密的社会团体是很难的。由此可知，聚簇是级联的自然障碍，聚簇结构可以阻挡信息级联，对网络信息传播有很大的影响。

8.2.2　行为级联对信息传播的影响

　　现有大量研究成果表明，网络结构变化会对网络传播行为产生重要影响。在实际生活中，每个个体都有趋利避害的行为。如接种疫苗、避免与感染个体接触等，这些行为会使个体所在网络的结构发生变化。类似地，对于网络中的节点而言，它们会通过自适应改变自身的连接情况来避免与感染节点接触。

　　群体行为和网络信息传播息息相关，群体行为会对其成员接收信息的程度和能力产生直接作用与影响。新的实践和行为在人群中扩散开来的方法，很大程度上取决于人们相互影响。当一个人看越来越多的人在做某件事情，通常他也很可能会去做那件事。一类原因是基于"他人行为传达信息"的事实，可以看到信息连锁反应；还有一个足够重要的理由是存在网络效应，即在利益的驱使下，一个人可能会选择使自己的行为与他人一致起来，而不管他们做出的决定是否最好。群体行为由于受到传染性、社会性与随机性的影响会产生不确定性，并表现为群体行为的涌现性特点，即当一些非线性的微小局部变化积累达到一个特定的阈值时会引起整个系统产生临界相变，并导致网络群体、网络结构、群体行为和信息扩散数量上的涌现。

　　桥和捷径是社会网络中存在的重要结构。在假设满足强三元闭包性质及充分数目的强联系边存在的前提下，社交网络中的捷径必然为弱联系。社会网络可以看作用弱联系连接起来的若干紧密群体，关注网络中不同边在结构上充当的角色：多数边在某些紧密联系的模式中，少数边跨越在几个不同群体之间。在许多情形下，相比于整个人群，个体会更在意自身的行为是否与社会网络中直接相邻的人们一致。信息与直接利益作为人们相互影响的基本机制，既在整个群体的层次出现，也在网络中个体与他的朋友或所局限的局部出现。新的行为始于少量初始的实践者，通过网络迅速扩散。新的思想、技术和信息的扩散，有可能被组织在网络中一个密集相连的群集的边界，那样的群集记为一种"封闭的社区"，其中的人们有大量相互之间的联系，从而形成对外来影响的阻力。

在社会网络中,用户关系和用户行为对网络信息传播有着重要影响。虚假信息在人群中的扩散,很大程度上取决于人们的相互影响。当一个人看见越来越多的人参与某件事,他也可能会参与其中,产生从众现象。从众现象的本质是信息级联,其社会力量随着一致性群体活动规模的壮大而增强。基于对级联的脆弱性分析可知,若能公布更多的竞争信息,就可能有效地避免产生错误的级联。

8.2.3 结构和行为互作用的信息传播模型

考虑到拓扑结构演化与信息传播行为的相互影响,进一步分析聚簇与级联的关系,建立拓扑演化和行为级联互作用的网络信息传播模型。在实际社会网络中,人与人之间的交往和互动往往发生在有限的局部而不是全局范围。也就是说,我们常常比较在意朋友或同事对某事或某信息所做的决定,而不太关心群体中其他人的决定;而在突发事件下,由于有效信息缺乏,每个人都可以观察到自己局部范围内个体的决策行为,但并不清楚他们都知道些什么。

给定一个社交网络图 $G(N,E)$,其中节点代表处于社交网络中的个体,连边代表该社交网络中的个体之间的相互作用,即个体之间有一定的联系。本节建立的结构和行为互作用的网络信息传播模型是一个通用的模型,可应用于社交网络中新闻、谣言等多种信息的级联传播过程。由于社交网络中信息级联与传染病传播在动力学方面是类似的,而在现有的大多数信息传播模型中,节点的状态转移概率是一个固定的参数,即信息的传播率是一个固定的概率值,这显然与真实的社交网络中信息的传播过程不相符。在社交网络中,考虑到节点个体决策行为受到其所有邻居的影响,基于经典的传染病模型 SIS 模型建立了一个通用的信息级联模型(general information cascades model,GICM)。

在 GICM 中,每个个体都采用处于两种状态之一:①易感态表示个体尚未接收到该信息,或者个体已经接收到信息,但尚未决定是否参与该信息的转发行为;②感染态表示个体采纳了该信息,然后将其转发给自己的所有邻居。模型中信息级联传播的过程可描述为:当传播开始时,从网络中随机选择一个或多个节点作为"种子"处于感染态,其余的节点都处于易感态。种子节点将会把一条特定的信息转发给他所有的邻居。一旦一个处于易感状态的个体接收到该信息,他将

综合考虑信息内容本身的影响和邻居的行为选择来决定是否采纳和
参与该信息的转发行为——如果该个体周围的邻居支持转发的比例
更高,该信息就更有可能被采纳,即该个体就更有可能选择参与信息
的转发行为。随着时间的推移,处于感染态的节点将以一定的概率恢
复到易感状态,并再次参与下一条信息的传播。这种从易感态转变为
感染态的状态转移规则体现了社会网络信息传播的两方面特征,即记
忆效应和社会强化效应,这反映在个体对于接收到的信息刺激的累积
过程中。在 GICM 中,只有处于感染态的节点才能转发信息。因此,
在节点的状态转移规则的建模过程中,可考虑社交网络中个体周围的
邻居中处于感染态节点的比例。一个处于易感态的个体周围处于感
染态的邻居的比例越高,该个体就越有可能采纳该信息并选择参与该
信息的转发行为。一般来说,当网络中的大多数节点依次选择参与信
息转发行为时,就会发生信息级联。当网络中处于感染态的节点的比
例稳定时,信息级联结束。

门槛值扩散模型揭示了弱连接的优势[13]。以图 8-1 为例,(7-8)
这条边是聚簇 2 和聚簇 3 之间的连边,是图 8-1 中的弱连接,通过连边
(7-8)可实现不同聚簇结构之间的消息传递。

GICM 的状态转移规则如图 8-2 所示。p 为在节点个体决策过程
中,根据传播信息内容的影响和邻居节点决策行为影响量化评估生成
的概率值。设 $I(t)$ 表示在 t 时刻网络中参与信息转发行为的节点数
占网络中节点总数的比例,$S(t)$ 表示在 t 时刻网络中未参与信息转发
行为的节点数占网络中节点总数的比例。$I(t)$ 值越大,该信息在网络
中传播的规模越广。显然,式(8-1)在任何时刻都成立:

$$I(t) + S(t) = 1 \qquad (8\text{-}1)$$

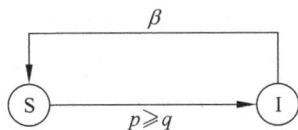

图 8-2　GICM 状态转移图

依据 GICM,在每个时间步内,处于 S 态的节点会根据当前时刻
所有邻居所处的状态以及信息转发阈值的大小来决定是否由 S 态转
变为 I 态。与此同时,网络中处于 I 态的节点能以概率 β 恢复为 S 态。
因此,在该模型中,由于个体的决策规则的影响,网络中的信息传播率
不是一个恒定的值,也就是说,决定节点是否能从 S 态转变为 I 态与

其邻居的行为选择和信息传播门槛值是密切相关的。

8.3　基于删边聚簇的不良信息传播阻挡方法

网络簇结构是复杂网络最普遍和最重要的结构属性之一。针对突发情况下不良信息的传播,基于"阻挡"思路提出删边聚簇的不良信息传播阻挡方法。该方法通过删除网络中有限数目的关键边资源,切断了信息传播的关键路径,快速提高网络中聚簇密度,可有效延缓和阻挡不良信息传播的速度和范围。

8.3.1　问题描述

网络聚簇结构中每个节点都与其特定比例的邻居节点之间具有相似性倾向。当一个级联遇到一个密度高的聚簇时,就会停下来。基于聚簇阻挡级联的启发,探究聚簇结构优化和级联行为的相互作用,提出基于删边聚簇(clustering with link-removed,CLR)阻挡信息传播的方法[14]。该方法通过边介数优选删除有限数目的关键边(指逻辑意义上的删边),快速地提升剩余网络的聚簇密度,以减弱和阻挡网络信息传播的能力。

密集连接区域和它们之间的弱连接对信息传播有重要的影响。弱连接对应网络图中不同聚簇之间的连边,一般也是图中边介数比较大的边。网络中最高介数的边一般意义是承载所有节点对之间最短路径上流量之和最大的边。如果考虑图划分问题,根据 Girvan-Newman理论,不断删除高介数边是一种有效方法。

在信息级联的过程中,关注个体行为的决策规则。基于直接受益效应的网络模型的特点:每个人有特定的社会网络邻居,并且因接受一项新事物所获得的受益随着周围采纳的邻居越多而增多。因此,从利己主义角度出发,当你周围足够多邻居采纳某行为时,你也应该采纳;从门槛值的概念来看,参与不确定的社会运动本身具有一定的风险,并且个体决策倾向于由更高比例的邻居节点支持。

由此,个体 v 的决策问题可描述为:如果他的一些邻居节点选择行为 A,另一些邻居节点选择行为 B,那么 v 应该如何选择使在他可接受的风险代价下收益达到最大?这显然取决于他邻居中选择每一种选项的相对数量,以及相应选项可能带来的风险代价。

在构建信息级联的传播模型之前,首先来制定个体 v 的决策规则。在网络信息传播过程中,q 表示信息传播的门槛值,p 表示节点个体的直接邻居中选择参与传播行为 A 的节点数目占其邻居总数的比例。因此,如果满足 $p > q$,则 v 选择 A;否则 B 是更好的选择。

8.3.2 信息级联的传播模型

在经典 SIS 模型的基础上引入个体 v 的决策规则,构建动态的信息级联传播模型(dynamic information cascade propagation model,DICM)。

在 DICM 中,节点个体状态包含未参与传播 S 态和参与传播 I 态,其中,S 态表示没有收到信息或收到信息选择不参与传播行为的状态,I 态表示收到信息并选择参与传播行为的状态。节点个体如何决策是否参与信息级联的传播行为,即 S 态和 I 态的转化规则是建立 DICM 的核心问题。根据个体 v 的决策规则,任意节点 i 接收到信息内容 c 后,是否参与传播 c 的行为决策取决于节点 i 的邻居节点中处于 I 状态的相对数量及选择参与传播信息 c 的风险代价。

给定一个网络 $G=(V,E)$,其中 V 表示节点集合且节点总数记为 $n=|V|$,E 表示边集合,网络中总的边数记为 $m=|E|$。网络 G 一般通过邻接矩阵 $\boldsymbol{A}=(a_{ij})$ 表示,其中 $a_{ij}=1$ 表示节点 i 和 j 之间存在连接边,否则 $a_{ij}=0$。如果网络 G 是加权网络,a_{ij} 表示两个节点之间的权重。定义 q_c 表示传播信息 c 的门槛值,用来刻画节点个体选择参与信息传播行为的风险代价;p 表示节点个体的直接邻居中选择参与传播行为的节点数目占其邻居总数的比例;μ 是恢复率,表示参与节点个体退出信息传播行为,由参与态转变为不参与态的概率。未参与 S 态与参与 I 态的状态转换关系可描述为:当未参与节点的 p 值大于或等于 q_c 值时,节点的 S 态会转换为 I 态;否则,保持 S 态;此外,参与节点的 I 态也会以 μ 的概率转换为 S 态。

在 DICM 中,节点状态包括未参与传播 S 态和参与传播 I 态,可分别用 0 和 1 表示。假设用 $s_i(t)$ 表示 t 时刻节点 i 的状态变量,其中 $s_i(t)=0$ 表示节点 i 在 t 时刻处于未参与传播 S 态,$s_i(t)=1$ 表示处于参与传播 I 态。在任意时刻 t,接收到信息的未参与节点会根据 p 与 q_c 值进行判断是否参与该信息传播行为。若 $p \geqslant q_c$,则未参与节点会选择参与信息 c 的传播行为,转为参与节点。否则,未参与节点状态不发生变化;同时,参与节点以概率 μ 恢复为不参与节点。不参与节点和参与节点之间的状态转换函数可表示为:

$$s_i(t) = \begin{cases} \overline{s_i(t)}, & g \geqslant 0 \\ s_i(t), & g < 0 \end{cases} \tag{8-2}$$

式中,上横线表示取反操作;g 表示参与节点和未参与节点之间的状态转换判断函数,可进一步表示如下:

$$g = \overline{s_i(t)}(p_i - q_c) + s_i(t)(\mu - \lambda) \tag{8-3}$$

在状态转换判断函数 g 中,λ 表示取$(0,1)$之间的随机数;μ 代表恢复率,表示从参与态恢复为不参与态的概率。p_i 表示节点 i 直接邻居中选择参与行为的节点数目占其总邻居数目的比例;q_c 表示传播信息 c 的门槛值。状态转换判断函数 g 揭示了节点下一时刻的状态依赖于当前时刻的节点状态及其邻居节点状态和信息传播内容。

设 $I(t)$ 表示 t 时刻选择参与传播行为的节点数占网络中节点总数的比例。$I(t)$ 值越大,表示信息在网络中传播的越广。$S(t)$ 表示 t 时刻未参与信息传播行为的节点数所占比例;显然,任何时刻都满足:

$$I(t) + S(t) = 1 \tag{8-4}$$

式中,

$$I(t) = \frac{1}{n}\sum_{i=1}^{N} s_i(t) \tag{8-5}$$

依据 DICM,在每个时间步内,未参与 S 态的节点会根据当前自身邻居节点的状态决策是否由 S 态转换为 I 态;与此同时,参与 I 态的节点能以概率 μ 恢复为 S 态。进一步分析可知,节点 i 在时刻 t 的状态 $s_i(t)$ 依赖于其当时邻居节点的状态和 t 时刻网络结构 $A(t)(a_{ij} \in A(t))$。

在 DICM 中,信息传播率不是恒定的,是由节点个体行为决策的。在信息传播的过程中,节点个体是否参与信息传播行为,即是否由 S 态转换为 I 态,是与节点的邻居节点的倾向性和信息传播的门槛值有关的。

8.3.3 删边聚簇 CLR 方法

在 DICM 中,信息传播率是动态的。在社会网络中参与信息传播有一定的风险,因此节点个体行为决策倾向于拥有较多邻居节点支持的行为,以最大限度地避免风险、追求最大收益。也就是说,当节点个体无法获得有效信息时,将使用较高比例的邻居节点的倾向性行为来优化其自身的决策。

基于 DICM 中动态的信息传播率考虑信息传播行为与拓扑结构演化的相互作用,分析聚簇结构与级联行为的关系实质,提出删边聚簇阻挡网络信息传播的方法。CLR 方法的基本思想是利用边介数特性进行有限数目的删边,通过优化网络中聚簇结构以实现有效控制信息传播速度和范围的目标。

网络结构决定网络功能,而网络的基本功能又与网络连通性密切相关,本节使用网络连通性来反映网络基本功能。在有限删边的过程中,为确保网络基本功能不受影响,首先使用广度优先搜索算法 BFS 来统计网络中最大连通子图规模随着删边数目增加而变化的情况。在满足网络连通性需求的情况下,计算出删边数目 k_1。CLR 方法中有限删边的数目与信息传播门槛值也有关。在给定信息传播门槛值 q 情况下,通过优选删边观察并统计最大规模聚簇的聚簇密度变化,当最大规模聚簇的聚簇密度大于 $(1-q)$ 时,确定删边数目 k_2。最后,通过比较 k_1 和 k_2 的值确定有限删边数目 k,当 $k_1 \leqslant k_2$ 时,$k = k_1$;反之,$k = k_2$,即取 k_1 与 k_2 中较小的值,确定有限删边数目 k。

给定具有 n 个节点和 m 条边的网络图 $G(N, E)$,使用 $A(t)$ 表示 t 时刻网络图 G 的邻接矩阵。CLR 算法的基本步骤如下:

(1)利用经典社团结构划分 GN 算法[12]得到图 G 中基于边介数的降序删边顺序;

(2)在保证网络连通性需求的情况下,使用 BFS 确定删边数目 k_1;

(3)给定信息传播门槛值 q,通过降序的边介数依次删边,统计最大规模聚簇的聚簇密度变化,确定删边数目 k_2;

(4)取 k_1 与 k_2 中较小值,确定删边数目 k;

(5)按照 GN 算法所得到的降序删边顺序,逻辑地删除一条满足条件的边;

(6)重复步骤(5),直至删边数目达到 k。

通过优选删除有限数目的边,CLR 方法可以快速提高在信息传播过程中所经过聚簇结构的聚簇密度。在信息传播门槛值保持不变的情况下,随着不同聚簇结构之间高介数连边的减少,聚簇密度逐渐增加,越来越多的节点个体倾向于选择与所属聚簇结构内节点邻居相同的行为。这样有风险代价的信息就很难从一个聚簇传播到另一个聚簇,从而减弱和阻挡网络信息传播的能力。

具体来看,CLR 方法具有以下特点:

（1）逻辑意义的删边。CLR 方法中删边是指逻辑上的临时删边，并不等同于物理上的删边。在实际网络系统中，这可能意味着暂时关闭网络通道，或者可能会绕道而行；在信息传播过程中意味着临时隔离或其他管制措施。

（2）有限数目的删边。CLR 方法中删边数目是由网络基本功能和信息传播门槛值共同决定的。为确保网络基本功能不受影响，统计得到删边数目 k_1；当最大规模聚簇的聚簇密度大于 $1-q$ 时，确定删边数目 k_2；比较 k_1 和 k_2 的值，取其中较小的值确定删边数目 k。

（3）实用有效的方法。CLR 方法不会完全切断用户节点之间的联系，控制手段更温和；有限数目的删边操作（逻辑意义删边）易于部署实现，能够显著降低信息传播速度和限制其传播范围。

在一个具有 n 个节点和 m 条边的网络图中删除一条边有 m 种不同的方式。对于更大的网络拓扑图，特别是稠密图来说，假设删除 k 条边，则删边的方案近似有 $m \times k$ 种，比较所有可能删边方案，从中选出最优删边集合属于指数时间复杂性问题。CLR 算法通过边介数优选删除有限数目的关键边以实现网络中聚簇结构的优化配置，可快速提高在信息传播过程中所经过聚簇结构的聚簇密度。从 CLR 算法步骤可知，整个算法的时间复杂度主要取决于边介数的计算，GN 算法中计算边介数的时间复杂度为 $O(mn)$，所以该算法在最坏情况下的时间复杂度为 $O(m^2 n)$。

8.3.4 仿真结果与分析

为验证 CLR 方法的可行性和有效性，本工作通过信息传播门槛值变化和删边前后聚簇密度变化来分析 CLR 方法的可行性，比较 CLR 方法和典型删边方法对网络信息传播控制的性能。

1. 真实网络数据集和实验参数设置

本工作实验采用的数据集来自 KONCET 网站的真实网络数据集，包括空手道俱乐部 Zachary 网络、宽吻海豚 Dolphin 网络、美国政治书籍 Political Books 网络和澳大利亚国立大学校园居民 Oz 网络，各网络的拓扑结构特征参见表 8-1。在给定网络结构图中的相邻聚簇结构内随机选择两个传播源节点，设置恢复率 $\beta = 0.20$，信息传播门槛值 $q \geqslant 0.20$。仿真实验中每条曲线值都表示运行 100 个轮次以上的平均值。

表 8-1　各网络的拓扑结构特征

网　　络	节点数	边数	平均度	聚簇个数
Zachary	34	78	4.59	2
Dolphin	62	159	5.13	2
Political Books	105	441	8.40	4
Oz	217	1839	16.95	6

　　基于真实网络数据集开展仿真实验,首先分析信息传播门槛值 q 对信息传播演化的影响,其次针对有限删边前后聚簇密度变化进行分析,揭示 CLR 方法能阻挡网络信息传播的实质,最后与其他典型删边方法进行性能比较,验证 CLR 方法的可行性和有效性。

2. 信息传播门槛值分析

　　信息传播门槛值 q 对不同网络信息传播过程的影响如图 8-3 所示,x 轴表示时间,y 轴 $I(t)$ 表示选择参与信息传播行为的节点数目占网络中总节点数目的比例。在实验中设置了 25 个仿真时步。

　　图 8-4 描述了不同网络在不同 q 值作用下网络中参与信息传播的节点所占比例 $I(t)$ 的变化趋势。以图 8-3(a)所示的 Zachary 网络为例,当 q 值较小,为 0.20、0.25 和 0.30 时,在若干时步之后网络中就有 80% 以上的节点参与信息传播,变为 I 状态。但当 q 值增大一些,为 0.35 和 0.40 时,选择参与信息传播的节点数随着时间延迟增幅缓慢。特别是 $q=0.40$ 对应的 $I(t)$ 曲线随着时间延迟只有小幅波动,基本上是平的,这表明拐点之后就几乎没有节点个体再选择参与信息传播。从图 8-3(b)、图 8-3(c)、图 8-3(d)中可以看到相似的 $I(t)$ 曲线变化趋势。

　　由图 8-3 实验结果可知:①当信息传播门槛值较低时,只要有比例较低的邻居节点选择参与信息传播,节点个体就会受到影响,由不参与状态变为参与状态。也就是说,信息传播门槛值越低,参与信息传播的风险成本就越低,信息就越容易在网络中传播;②随着信息传播门槛值的增加,参与信息传播的风险成本也在增加,各个节点将倾向于参与有更多邻居节点参与的行为。也就是说,信息传播门槛值越大,即参与信息传播的风险越大,节点个体行为决策就越谨慎。信息传播门槛值刻画了节点个体参与信息传播的风险代价。不同网络事件的主题信息将对应不同的信息传播门槛值,而不同的信息传播门槛值对网络信息传播有不同的影响。高关注度和低信息传播门槛值的信息易于在网络中以较快的速度在大范围内传播。反之,低关注度和高信息传播门槛值的信息不容易在网络上大规模传播。

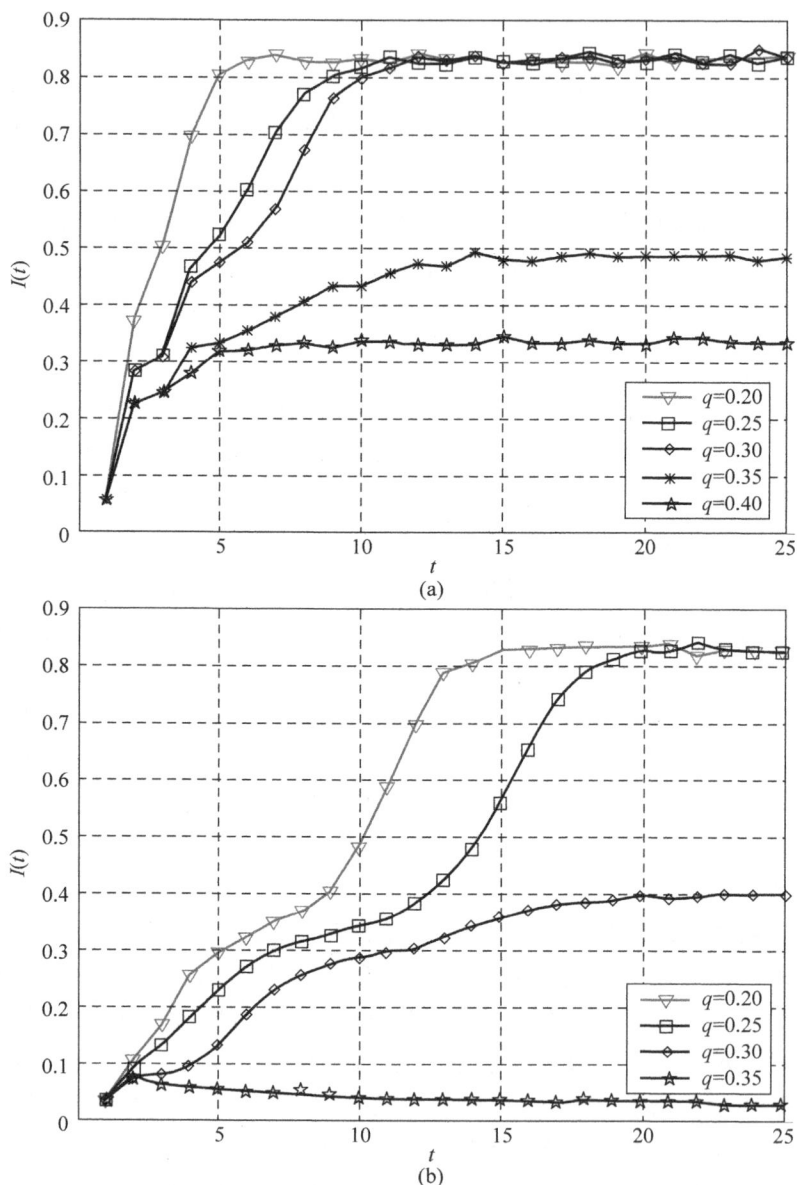

图 8-3　信息传播门槛值变化对不同网络信息传播的影响

（a）Zachary 网络；（b）Dolphin 网络；（c）Political Books 网络；（d）Oz 网络

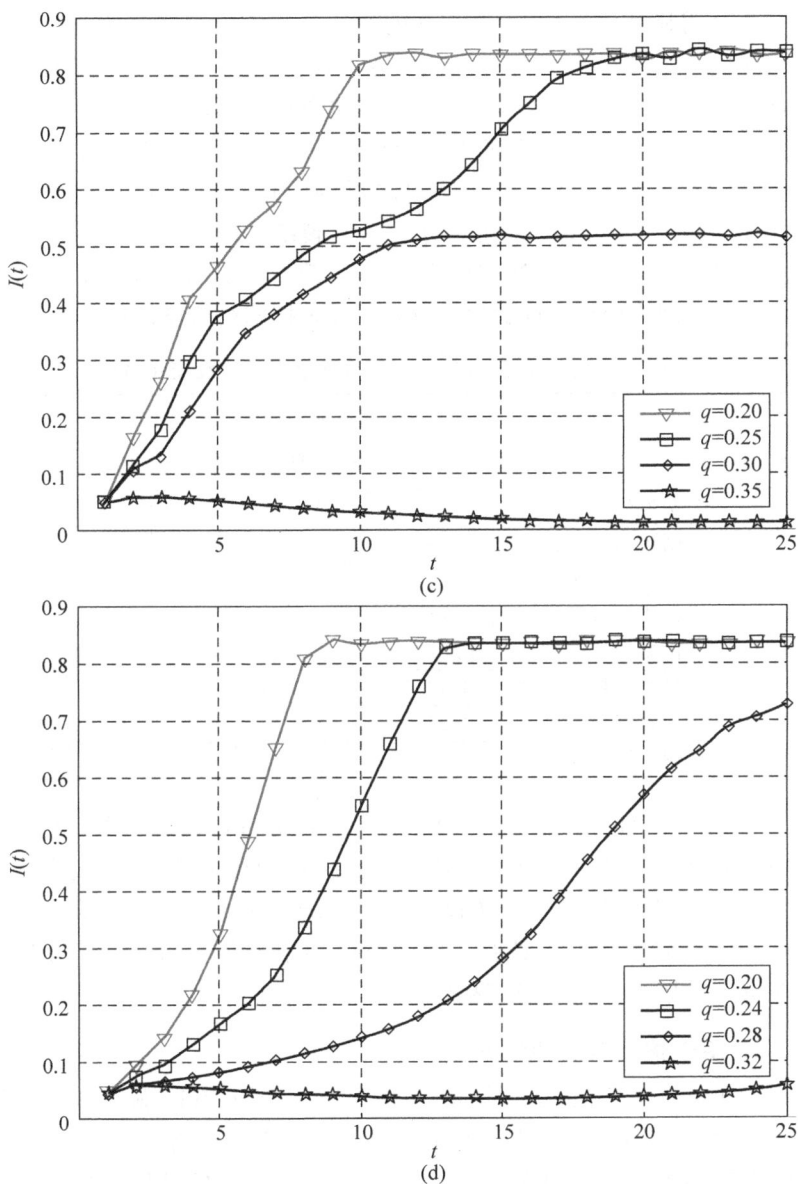

图 8-3(续)

3. 聚簇密度变化分析

聚簇是级联的障碍,在信息传播门槛值一定的情况下,网络聚簇密度的提高会阻挡网络信息的传播。表 8-2 给出了各网络基于 CLR

方法删边前后网络聚簇密度的变化情况. 从表中可以看出, Zachary 网络有 2 个明显社团结构, 在删边前的初始状态下有聚簇密度为 0.4 和 0.6 的聚簇 1 和聚簇 2。使用 CLR 方法优选删边之后, 聚簇结构更紧密, 聚簇 1 和聚簇 2 的聚簇密度分别增加到 0.80 和 0.75; 具有 6 个聚簇结构的 Oz 网络, 删边前的聚簇密度分别是 0.25、0.25、0.21、0.17、0.38 和 0.35, 使用 CLR 方法删边之后的聚簇密度变为 0.31、0.38、0.33、0.46、0.50 和 0.33, 其中有 5 个聚簇结构的聚簇密度有大幅度的提升, 只有聚簇 6 的聚簇密度有微小的下降, 但这并不影响占大多数的聚簇结构因为聚簇密度的提高以减弱和阻挡网络信息传播的能力。

表 8-2   各网络基于 CLR 方法删边前后聚簇密度变化对比

网 络		删边前后聚簇密度变化对比					
		聚簇 1	聚簇 2	聚簇 3	聚簇 4	聚簇 5	聚簇 6
Zachary	初始聚簇密度	0.40	0.60	——	——	——	——
	删边后聚簇密度	0.80	0.75	——	——	——	——
Dolphin	初始聚簇密度	0.60	0.50	——	——	——	——
	删边后聚簇密度	0.75	0.75	——	——	——	——
Political Books	初始聚簇密度	0.37	0.50	0.40	0.67	——	——
	删边后聚簇密度	0.40	0.60	0.50	0.83	——	——
Oz	初始聚簇密度	0.25	0.25	0.21	0.17	0.38	0.35
	删边后聚簇密度	0.31	0.38	0.33	0.46	0.50	0.33

从表 8-2 中可知, 基于删边聚簇的 CLR 方法可以快速提高整个网络中聚簇结构的聚簇密度。在给定信息传播门槛值情况下, 剩余网络的聚簇密度越大, 形成信息传播级联的可能性越小。即网络聚簇密度的增加能够减弱和阻挡具有一定门槛值的信息传播, 这也是 CLR 方法能够有效阻挡网络信息传播的实质。

4. 基于仿真实验性能分析

为了验证 CLR 方法的性能, 在给定网络图和有限删边约束的情况下, 分析比较 CLR 方法和其他典型删边方法的性能。随机删边和基于度删边方法是现有基于删边优化网络结构的信息传播控制方法中较为常用的方法[15-17]。在本工作中, 基于度删边方法的核心思想是: 将网络中端节点 i 和节点 j 之间连边的权值记为 W_{ij}, 表示端节点 i 和节点 j 的节点度之积。首先把网络中的边按权值降序排列; 其次依次删除 W_{ij} 最大的边, 若 W_{ij} 值最大的边有多条, 则随机删除一条边; 最后重复上述过程, 直到删除的边数达到条件为止。对比的无删边方法表示不进行任何删边的解决方案。

图 8-4 刻画了在相同删边数目情况下,不同网络在不同删边方法作用下,参与信息传播的节点所占比例 $I(t)$ 的变化趋势。从图 8-4 中可以看出,随机删边和基于度删边方法作用下 $I(t)$ 曲线显示网络中参

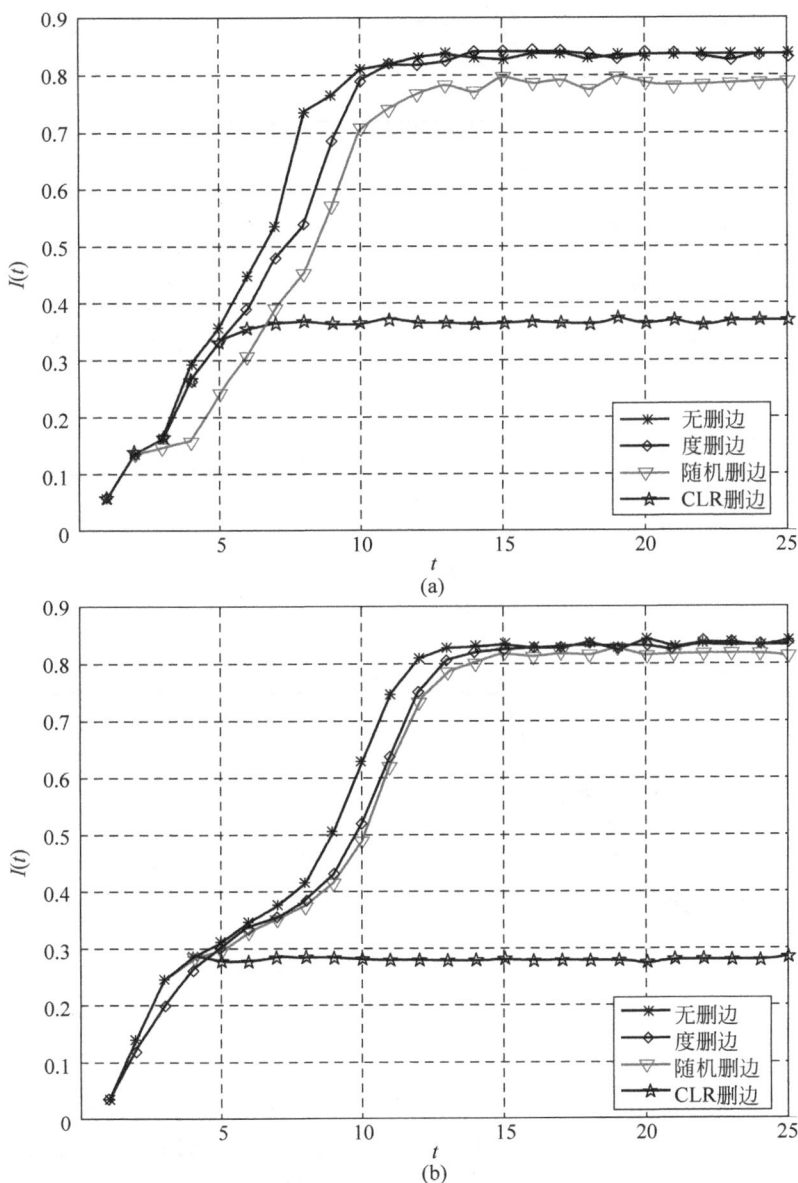

(a)

(b)

图 8-4　不同删边方法作用下各网络 $I(t)$ 变化曲线

(a) Zachary 网络;(b) Dolphin 网络;(c) Political Books 网络;(d) Oz 网络

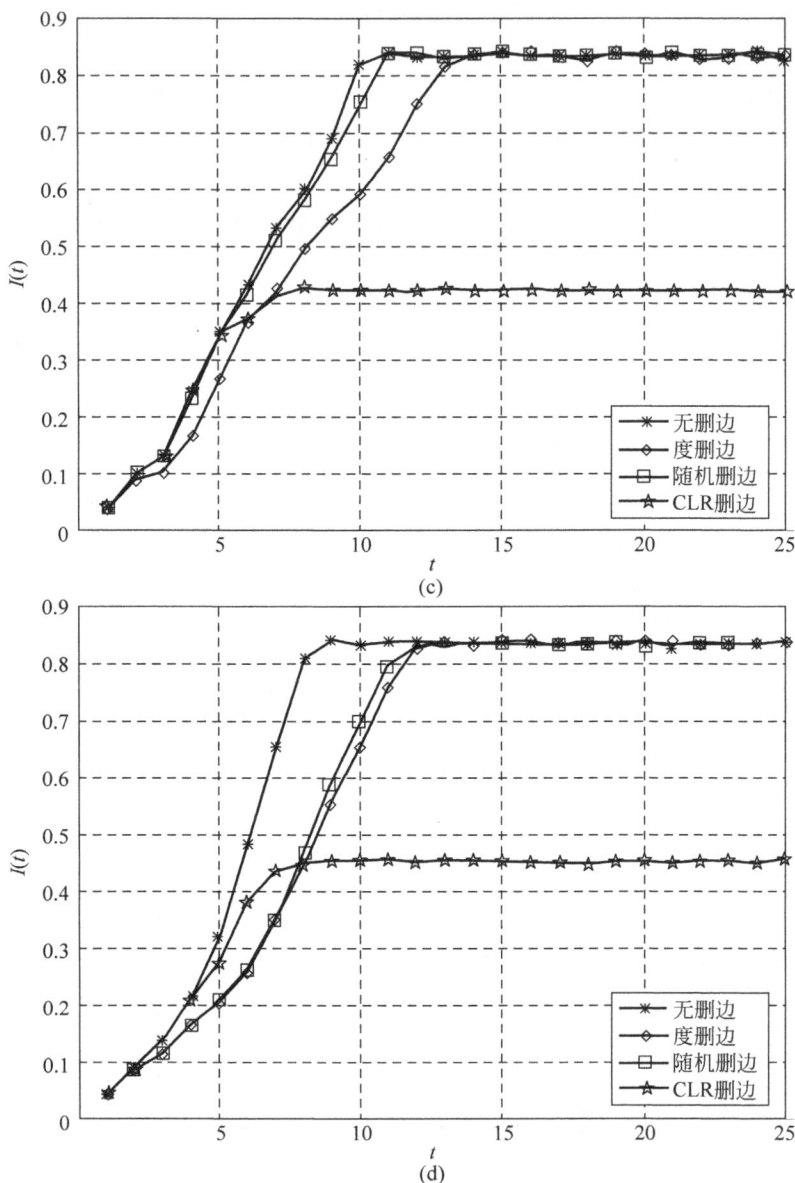

(c)

(d)

图 8-4（续）

与信息传播的节点具有较高的比例，而 CLR 删边方法作用下的 $I(t)$ 曲线显示网络中参与信息传播的节点比例被控制在较小范围内，表明 CLR 删边方法对控制信息传播速度和范围具有显著优势。

由图 8-4 实验结果可知：① 与随机删边和基于度删边方法相比，

CLR 删边方法可以有效地控制网络信息传播的速度和规模;②无论是基于小规模的 Zachary 网络和 Dolphin 网络,还是中小规模 Political Books 网络和 Oz 网络;不论是稀疏的 Zachary 网络、Dolphin 网络和 Political Books 网络,还是相对稠密的 Oz 网络,CLR 方法都可有效干预和控制网络信息传播的速度和范围,验证了该方法的可行性和有效性。

基于聚簇阻挡级联的启示,本节围绕有限删边聚簇阻挡信息传播的方法开展了研究,鉴于恒定的信息传播率不符合实际,考虑到传播信息的风险代价和邻居节点行为的影响,本节建立了信息传播 DICM。在 DICM 的基础上,为探究聚簇结构优化和级联行为的相互作用,本节提出了 CLR 方法。CLR 方法强调有限数目的删边,以保证网络基本功能不受影响;CLR 方法的删边是逻辑意义下的删边,通过临时控制或关闭网络中重要的信息传播通道,使网络信息在传播过程中绕远道或被阻挡,从而降低网络信息传播速度和限制其传播范围。在真实网络数据集上的实验表明,CLR 方法能减弱和阻挡网络信息传播的能力,其成本开销较小,易于部署实现。

8.4 基于敏感节点保护的信息级联调控方法

网络中少量关键节点对网络信息传播具有重要影响。有效识别网络中对信息传播起重要作用的关键节点,是网络信息传播引导控制的重要方式。网络结构、用户行为和信息内容都是影响网络信息传播的重要因素,本节联合这三方面因素对信息级联的传播过程进行分析,建立动态的信息级联传播模型。然后在信息级联传播模型基础上,以聚簇结构和级联行为相互作用为切入点,寻找信息级联中有重要贡献的关键节点,提出基于敏感节点保护的信息级联传播调控方法。

8.4.1 问题描述

网络中少量关键节点对信息传播具有重要作用,仅根据网络拓扑结构选择若干关键节点是一个 NP 问题[18-19]。本节研究与现有方法通过中心性指标选择关键节点不同,考虑到少量关键节点在信息级联传播过程中的贡献程度,尽可能选择贡献程度大且相对适度的关键节点进行保护以最大化阻挡虚假信息的传播,提出了基于关键节点保护的信息传播的调控问题。

在实际社会网络中,人与人之间的互动通常是在局部范围内进行的。相比于群体中其他人的行为选择,我们更关心周围朋友的行为选择。在信息级联的过程中,我们关注个体的决策规则。在网络信息级联过程中,q 表示信息内容的门槛值;p 表示节点个体的直接邻居中选择参与传播行为 A 的节点数目占其邻居总数的比例。若 $p > q$,则 v 选择 A;否则选择 B。使用一个小型的网络结构来简单刻画信息级联的过程,仔细观察个体在信息级联中的决策行为,探索是否信息级联中存在一些关键节点。这些节点在信息级联的过程中起着至关重要的作用,保护此类节点会阻挡信息级联的进一步发生。如图 8-5 所示为信息传播级联的一个示例,刻画了行为 A 的级联过程。

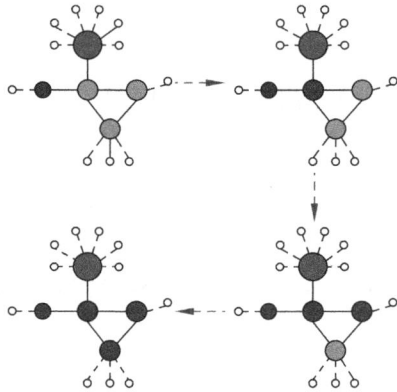

图 8-5　信息传播级联的一个示例(见文前彩图)

图 8-5 中,红色节点表示参与传播行为 A 的节点,其余节点均未参与行为 A 的传播。将高度、中度和低度节点分别用绿色、黄色和蓝色进行区分。假设行为 A 的门槛值为 0.3,观察此级联过程可以发现:蓝色节点只有一个额外的邻居,它们对信息级联几乎没有影响;绿色节点的度数较高,它们不受其他邻居节点行为的影响;黄色节点不仅相对容易受到邻居节点行为的影响,而且在一定程度上可以影响其他节点的决策,它们的行为决策促进了信息的进一步级联。由此可见,中度节点在信息级联中是相对敏感的,它们容易受到周围邻居节点行为的影响,而且对促进信息级联有着很大的贡献。受此启发,探索此类节点的特性,研究保护此类节点能否有效阻挡信息的级联。

基于关键节点保护的信息传播调控问题可形式化描述为:给定社会网络图 $G(V, E)$ 和正整数 K,如何从网络中选择 K 个贡献大的

关键节点组成节点集 V'，满足 $|V'| = K$ 且 $V' \subseteq V$；基于 DICM 的信息传播策略，在保护（移除）V' 中的关键节点和节点所连接的直接边集 E' 后，使得重构图 $G'(V\text{-}V', E\text{-}E')$ 能最大化阻挡虚假信息的级联传播，即使得未参与传播虚假信息 c 的 S 态节点数目最大，记为 $\max\{S(G', q_c)\}$，其中，$S(G', q_c)$ 表示在给定虚假信息门槛值 q_c 的条件下，重构图 G' 使得最终未参与传播虚假信息 c 的 S 态节点的数目。

8.4.2　关键节点的优化选择

基于关键节点保护的信息传播调控问题的核心问题是如何优化选择需要保护（移除）的关键节点以最大化阻挡虚假信息的级联传播。本节将探讨聚簇阻挡级联以及桥节点的双重特性，定义级联敏感节点来刻画信息级联中具有重要贡献的关键节点。

基于关键节点在网络拓扑结构及功能演化中的重要作用，控制或保护网络中的关键节点可以有效阻挡信息级联传播。传统的关键节点选择策略侧重于节点在拓扑结构中的重要性，忽略了移除节点的代价，即移除尽可能少的节点的代价以及移除节点间的互相影响。

与现有方法通过中心性指标选择关键节点不同，本书提出了反向挖掘少数关键节点的思路。在挖掘少数关键节点的过程中，本书不关注任何单个节点移除对网络的影响，而是关注有助于信息级联传播的重要节点，这些节点在信息级联中有比较大的贡献。考虑到级联行为对信息传播的影响，即结合信息内容本身和邻居节点行为的影响两方面来考虑节点在信息级联中的"贡献"，反向寻找级联过程中敏感的节点，即那些易受周围邻居节点行为影响的节点。

级联敏感节点是指在信息级联传播的过程中，当它周围有适量数目的直接邻居节点参与传播行为时，该节点也会从未参与传播态转变为参与传播态。为了保证级联敏感节点是信息级联传播过程中有重要贡献的节点，级联敏感节点应具有以下特征：

（1）级联敏感节点的直接邻居中至少有两个节点也一定是级联敏感节点。

（2）级联敏感节点是信息级联传播过程中有重要作用的节点。

以上条件是很直观的，当一个节点周围有适量数目的直接邻居节点参与传播某个行为时，它会受到邻居节点行为的影响，选择参与该行为，但若它继续保持原来的未参与传播态，那么它就不是级联敏感节点。这里的"适量"设定为网络图的平均度减 2。在已建立的 DICM

中,给定信息内容门槛值 q_c,若节点 i 满足 $(\langle k \rangle - 2)/k_i > q_c$($k_i$ 为节点 i 的度,$\langle k \rangle$ 为网络图的平均度),则节点 i 称为级联敏感节点。

由级联敏感节点的定义可知,级联敏感节点容易受周围邻居节点行为的影响,是有助于信息级联传播的重要节点。并且级联敏感节点与基于高中心性指标选择的关键节点不同,保护(移除)此类节点的代价小,不会导致网络不连通,可以保证网络的基本生存性能不受影响。

8.4.3 基于敏感节点保护的 SNP 方法

与仅根据网络拓扑结构选择若干高影响力的节点问题不同,我们提出的基于关键节点保护的信息传播调控问题中少量关键节点的选择兼顾考虑了聚簇结构、级联行为和信息内容相互作用对信息传播的影响。已知根据网络拓扑结构选择若干高影响力的节点问题是 NP 问题[19],该问题可看作我们基于关键节点保护的信息传播调控问题的特例,基于限制法(restriction)可证明调控问题是 NP 问题。为求解基于关键节点保护的信息传播调控问题,提出基于敏感节点保护(susceptible nodes protection,SNP)的信息级联调控方法[21]。

1. SNP 方法基本思想

SNP 方法建立在 DICM 和级联敏感节点的概念基础上,考虑到聚簇阻挡级联及桥节点的双重特性,在有限资源的约束下,保护(移除)K 个贡献大的级联敏感节点去调控虚假信息的级联传播。方法的基本思想是考虑聚簇结构和级联行为的相互作用,优化选择对级联传播贡献大的节点,即选择保护的节点应首先是级联敏感节点,是有助于优化聚簇结构阻挡信息级联的桥节点($v_c > 1$),也应是级联敏感节点中度值偏大的高影响力的节点。SNP 方法可以有效调控信息的传播速度和传播范围。图 8-6 演示了采用 SNP 方法阻挡信息级联的过程。

在图 8-6 中,假设 4 号红色节点为初始传播节点,其余均为未参与传播节点。设置所传播的虚假信息门槛值 $q_c = 0.3$,依据 DICM,在未实施任何策略下虚假信息首先传播至节点 1、节点 2、节点 5、节点 6,然后是节点 3 和节点 8,再下一步是节点 7 和节点 9,最后是节点 10,经过 $t = 4$ 时步后虚假信息级联传播停止,如图 8-6(a)所示。但如若实施 SNP 方法,即选择保护灰色节点 6 不被虚假信息感染,经过 $t = 2$ 时步后虚假信息级联就停止了,如图 8-6(b)所示。从图 8-6 可以看出,实施 SNP 方法可以有效调控信息的传播速度和传播范围。

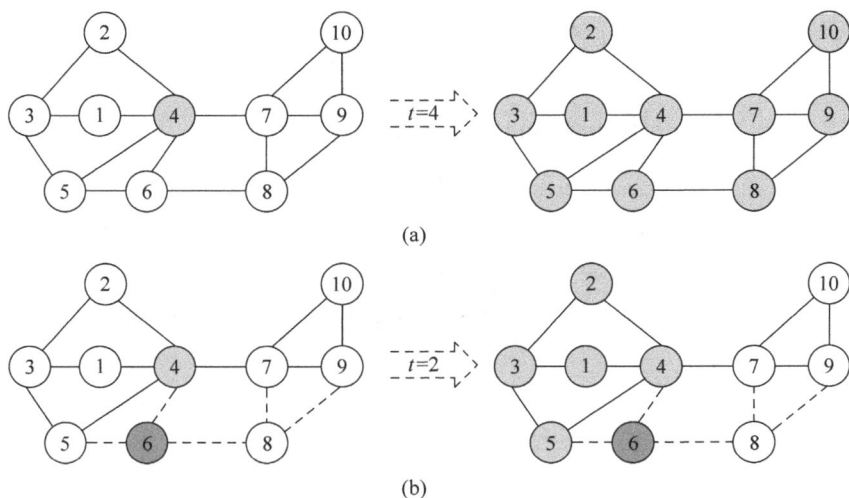

图 8-6 采用 SNP 方法阻挡信息级联过程的示意图(见文前彩图)

(a) 无策略下的信息级联过程;(b) 采用 SNP 方法后的信息级联过程

2. SNP 方法实现步骤

SNP 方法的核心是选择 K 个信息级联中有重要贡献的级联敏感节点进行保护,从而调控虚假信息的级联传播。给定一个含有 n 个节点 m 条边的网络图 $G(N,E)$,在网络拓扑图中随机选择 $a\%$ 的节点作为初始传播源,SNP 方法基本步骤如下:

(1) 给定社交网络图结构,进行初始化设置。

(2) 利用经典 Fast-Newman 分簇算法,划分聚簇结构。

(3) 随机选择一个桥节点($v_c(i)>1$),判定节点周围是否有适量的邻居节点处于参与传播态,即判断节点是否为级联敏感节点。

(4) 如果选择的节点是级联敏感节点,则判断它是否至少有两个级联敏感的邻居。

(5) 重复步骤(3)和步骤(4),得到满足以上两个条件的级联敏感节点集,根据节点及其直接邻居的度中心性指标对级联敏感节点进行降序排列,并计算级联敏感节点集中节点度的平均值 θ。

(6) 在级联敏感节点集中依次选择一个 $k_i \geqslant \theta$ 的节点。

(7) 重复步骤(6),对选择的节点进行保护,直至保护节点数目达到 K。

SNP 方法流程图如图 8-7 所示。

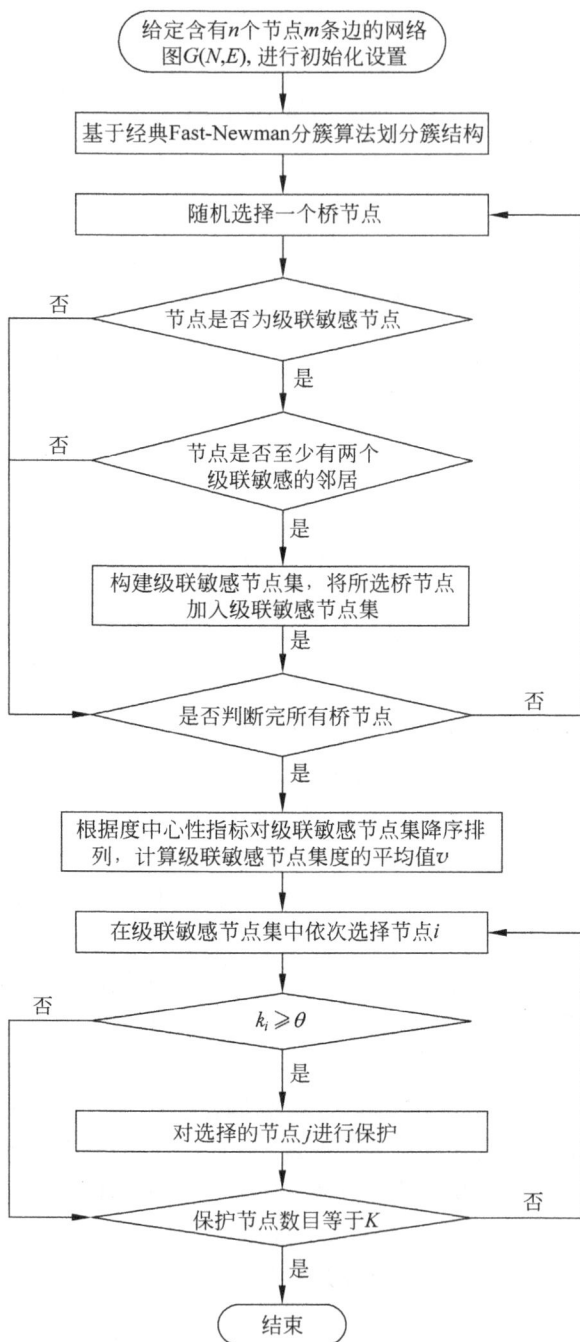

图 8-7　SNP 方法流程图

3. SNP 方法特点及分析

SNP 方法与传统方法通过高中心性指标选择关键节点不同,它在选择关键节点时,考虑到了拓扑结构、信息内容以及用户行为三方面对信息传播的影响。SNP 方法首先依据信息内容本身和邻居节点行为对信息级联中个体节点决策的影响作用,定义了级联敏感节点来刻画节点在网络信息级联传播中的重要性;其次考虑到聚簇与级联的相互作用关系及桥节点的双重特性,选择信息级联中有重要贡献的级联敏感节点;最后考虑到有限资源的约束,选择保护(移除)有限数目的贡献大的级联敏感节点以最大化阻挡虚假信息的级联传播。具体来看,SNP 方法具有以下特点:

(1) SNP 方法选择的节点是相对适度的节点,即易受周围邻居节点行为影响的级联敏感节点,移除此类节点不仅可以阻挡信息的进一步级联,而且基本不影响网络拓扑的连通性,可以保证网络较高的生存性。

(2) SNP 方法选择的节点是级联传播中贡献大的级联敏感的桥节点,移除此类节点可以有效阻挡虚假信息从一个聚簇级联到另一个聚簇,所以 SNP 方法在聚簇结构(社团结构)明显的社交网络中具有更好的效果。

(3) SNP 方法选择有限数目的节点去保护(移除),考虑到了有限资源的约束,代价小,易于部署。

8.4.4　仿真结果及分析

为验证方法的可行性和有效性,将 SNP 方法与基于随机节点(random)保护的阻挡方法、基于节点度(degree)保护的阻挡方法、基于节点介数保护的阻挡方法,以及级联故障缓解(mitigation cascading failures,MCF)方法[22]进行比较分析,首先分析随着保护(移除)节点数目的增加对网络结构生存性的影响,然后对虚假信息的传播演化进行分析。

1. 仿真环境介绍

(1) 数据集

在仿真实验中,选取 5 个具有明显社团结构特性的真实网络,各网络的拓扑结构特征见表 8-3:①空手道俱乐部 Zachary 网络;②美国政治书籍 Political Books 网络;③Small Facebook 网络;④Email

邮件网络；⑤Large Facebook 网络[23]。

表 8-3 各网络的拓扑结构特征

网　　络	节　点　数	边　　数	平均度
Zachary	34	78	4.59
Political Books	105	441	8.40
Small Facebook	769	16656	43.3
Email	1133	5451	9.60
Large Facebook	2682	65252	48.66

（2）仿真相关参数

基于 DICM，仿真实验中传播参数恢复率和虚假信息门槛值分别取值为 $\mu=0.20$，$q_c=0.20$。在给定网络结构图中随机选择 4% 比例的初始传播源节点，仿真次数设置为 50。

（3）对比方法

为了验证 SNP 方法中优化选择节点的有效性，研究做了对比实验，选择了几种常见的基于关键节点的信息传播控制方法去和 SNP 方法进行比较分析[22]。

（1）随机节点方法：在网络中随机选取节点进行降序排列，按序选取一定数量的节点进行保护（移除），从而进行信息调控。

（2）节点度方法：将网络中所有节点的度值进行降序排列，按序选取一定数量的节点进行保护（移除），从而进行信息调控。

（3）节点介数方法：将网络中所有节点的介数值进行降序排列，按序选取一定数量的节点进行保护（移除），从而进行信息调控。

（4）MCF 方法：基本思想是保护级联传播中有用的脆弱节点去缓解级联故障，从而进行信息调控。

基于节点度和节点介数保护的阻挡方法虽然可能具有很好的阻挡效果，但是会破坏网络的连通性，影响网络的基本生存性能。MCF 方法可以保证网络更好的生存性，但是在社团结构明显的社交网络中具有一定的局限性。本节将选取这几组方法进行对比实验，来验证 SNP 方法的可行性与有效性。

2. 对网络结构生存性的影响分析

网络结构的生存性是指对于节点或者链路具有一定失效概率的网络。在仿真实验中，用剩余网络最大连通子图的节点比例 S 来表示网络结构生存性，网络结构生存性等于剩余网络最大连通子图节点数占拓扑结构总节点的比例。在具体实现过程中,调用广度优先搜索算法 BFS,统计网络结构生存性 S 随着保护节点数目 num 的变化。在模拟保护(移除)节点对网络结构生存性影响的实验中,分别对 5 个不同网络采用基于随机节点保护的阻挡方法、基于节点度保护的阻挡方法、基于节点介数保护的阻挡方法、MCF 方法及本工作提出的 SNP 方法保护(移除)排名靠前的节点,然后观察随着保护(移除)节点数目的增加网络结构生存性的下降趋势。首先对 Zachary 网络进行分析,实验结果如图 8-8 所示。

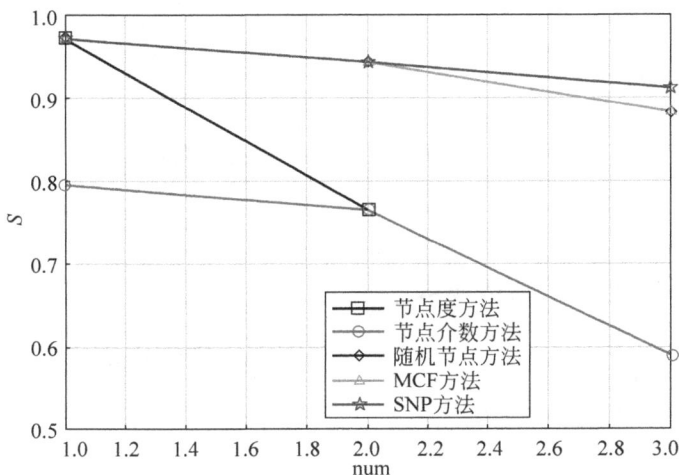

图 8-8 Zachary 网络结构生存性的对比结果

从图 8-8 的实验结果可以看出,在保护节点数目相同的情况下,基于节点度保护和节点介数保护的阻挡方法使得网络结构的生存性急剧下降,这严重影响了网络结构的基本功能。其原因是基于度中心性指标与介数中心性指标所选择的节点是对网络拓扑结构有重要影响的节点,保护(移除)这些节点可能会导致系统瘫痪,网络结构碎片化严重。所以,在 Zachary 网络中,基于节点度保护和基于节点介数保护的阻挡方法不被推荐。而 MCF 方法和 SNP 方法使得网络结构的生存性高于 85% 以上,对网络拓扑结构基本功能影响小,这两种方法在此网络中是可行的。

从图 8-9~图 8-12 可以看到,当保护节点比例少于 8% 时,5 种方法都能保证网络结构生存性至少达到 85% 以上,对网络结构的连通性影响非常小,基本不影响网络结构的功能。从保护(移除)节点的代价来看,这 4 种方法在这些网络中都是可行的。

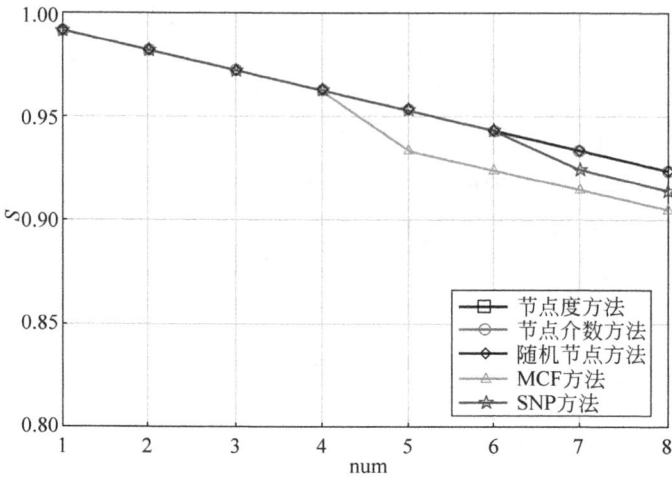

图 8-9   Political Books 网络结构生存性的对比结果

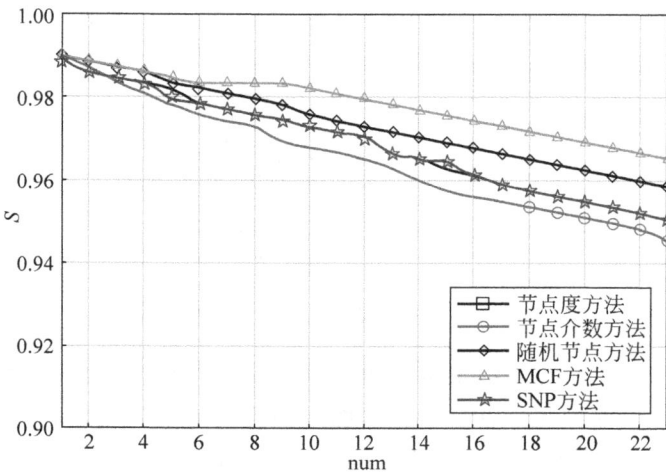

图 8-10   Small Facebook 网络结构生存性的对比结果

3. 对虚假信息传播演化的影响分析

为验证 SNP 方法对阻挡虚假信息传播的有效性,用 5 个不同网络在 DICM 上进行仿真实验。在给定网络拓扑结构和有限保护节点数目的约束下,分析比较基于随机节点保护的阻挡方法、基于节点度保护的阻挡方法、基于节点介数保护的阻挡方法、MCF 方法和 SNP 方法对虚假信息传播演化的影响,作为空白对照,还增加了一组无策略的实验。保护节点数目设置为各网络节点总数的 8%,保护节点数目是在保证网络结构高的生存性的前提下确定的。

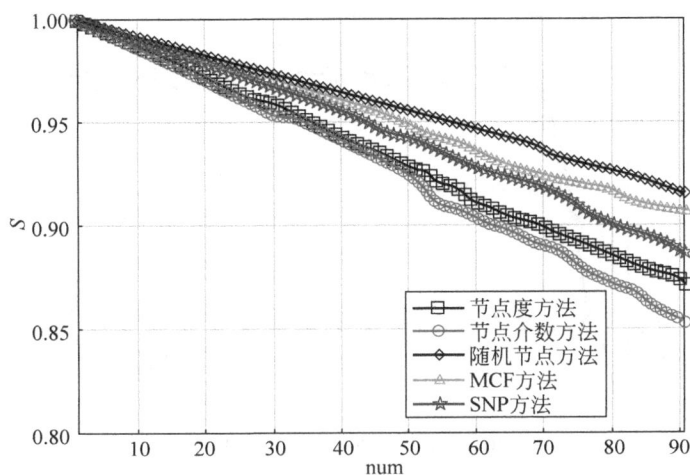

图 8-11 Email 网络结构生存性的对比结果

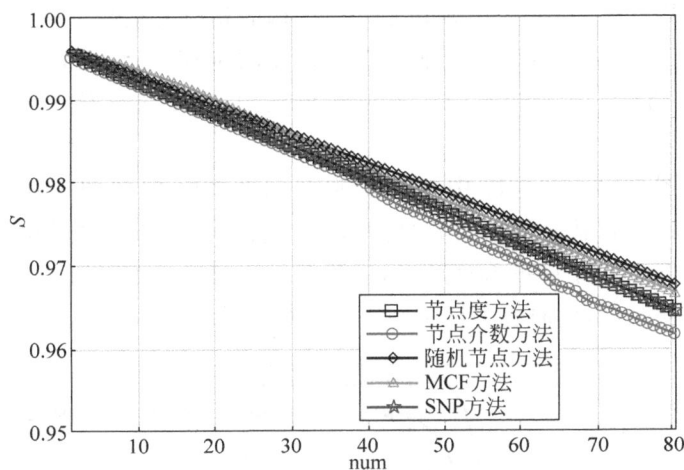

图 8-12 Large Facebook 网络结构生存性的对比结果

用不同的方法保护(移除)一定比例排序靠前的节点后,观察 5 个不同网络在不同保护节点策略下随着时间 t 的增加,网络系统中参与虚假信息传播的节点所占比例 $I(t)$ 的变化趋势。Zachary 网络的 $I(t)$ 变化曲线如图 8-13 所示。

在 Zachary 网络中,和无策略相比,在保护节点数目相等的前提下,其他方法从传播速度和传输范围方面都限制了虚假消息的传播。其中基于节点度保护和基于节点介数保护的阻挡方法的限制强度甚至超过了 SNP 方法,不过根据图 8-8 可知,这两种方法导致网络结构

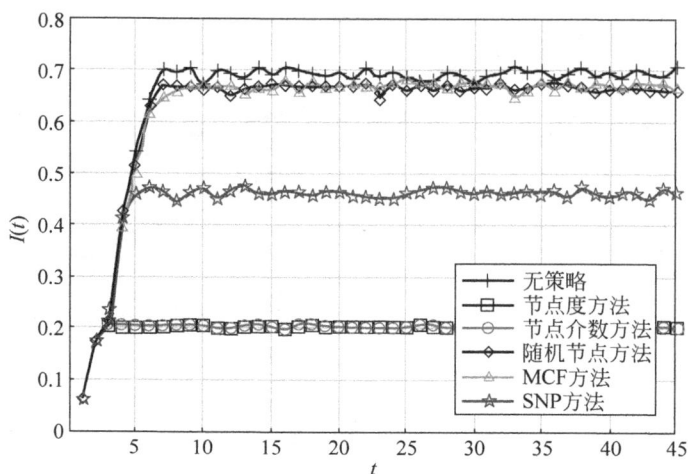

图 8-13　Zachary 网络的 $I(t)$ 变化曲线图

生存性均低于 60%，严重破坏了网络结构的相对完整性及网络生存性能。MCF 方法虽然可以保证网络比较高的生存性，但是调控效果低于 SNP 方法。由此可见，在 Zachary 网络中，SNP 方法优于其他 4 种方法。

从图 8-14~图 8-17 中可以看到，与无策略相比，采用 SNP 方法保护（移除）排名靠前且相同数目的节点导致参与虚假信息传播的节点所占比例 $I(t)$ 下降的幅度最大，极其有效地调控了虚假信息的传播速度与传播范围，同时也保证了网络结构很高的生存性。

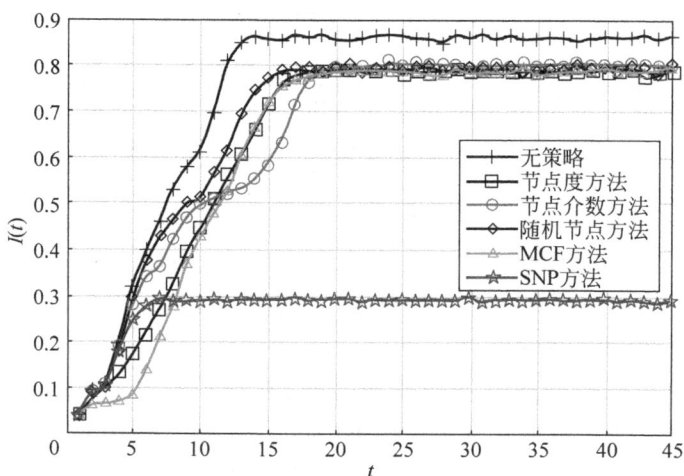

图 8-14　Political Book 网络的 $I(t)$ 变化曲线图

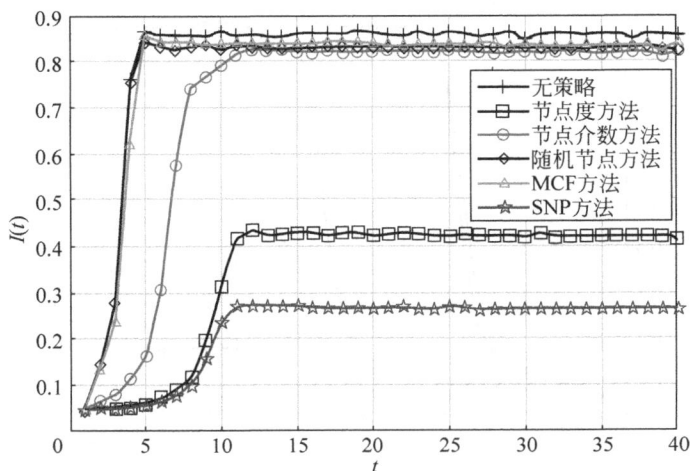

图 8-15 Small Facebook 网络的 $I(t)$ 变化曲线图

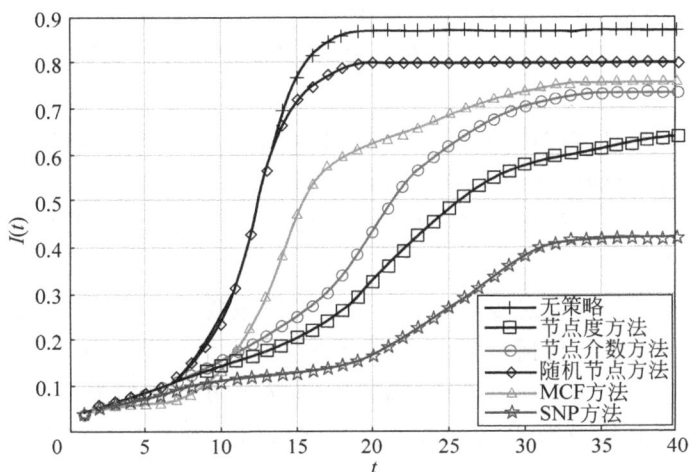

图 8-16 Email 网络的 $I(t)$ 变化曲线图

结合上述实验结果,可以得出以下结论:

(1)基于敏感节点保护的虚假信息级联传播调控方法可以有效降低虚假信息的传播速度和限制虚假信息的传播范围。

(2)SNP方法确保了网络结构比较高的生存性,使网络结构的基本功能不受影响。然而,在某些网络中,某些方法会导致网络碎片化严重,影响了网络结构的生存性,例如在图 8-9 中,基于节点度保护和基于节点介数保护的阻挡方法会使 Zachary 网络结构生存性大幅下降,并损害网络的基本性能。

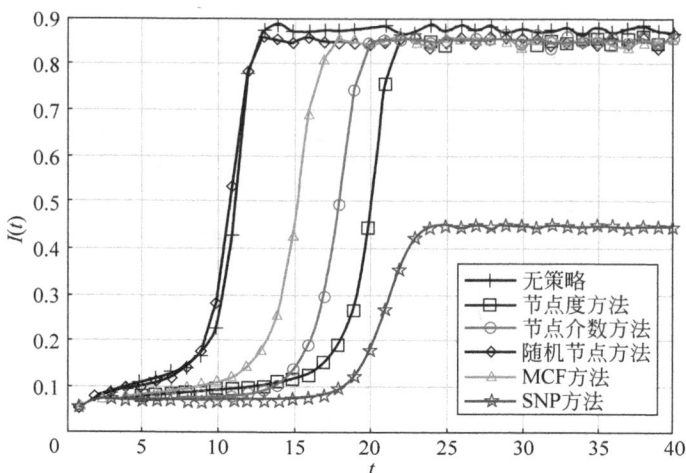

图 8-17　Large Facebook 网络的 $I(t)$ 变化曲线图

（3）SNP 方法通过保护（移除）有限数目的贡献大的级联敏感节点来降低阻挡成本。与其他方法相比，当保护（移除）相同数量的节点时，SNP 方法是最优的。

（4）SNP 方法由于保护的节点必须是连接不同聚簇结构的桥节点，当保护（移除）此类节点之后，可以有效阻挡信息从一个聚簇传播至另一个聚簇。因此在具有明显社团结构特性的复杂网络中具有更好的效果。

本节工作对信息级联中个体节点的决策规则进行分析，认为信息级联的传播率与传播信息的内容及当前节点的网络邻居节点的决策行为有关。采取反向思维挖掘信息级联传播过程中的少量关键节点，定义了级联敏感节点来刻画节点在网络信息级联传播中的重要性。并且探究聚簇结构和级联行为的相互作用关系，同时考虑到桥节点的双重特性，提出了基于敏感节点保护的信息级联传播调控方法。最后通过仿真实验来验证我们所提出的 SNP 方法的可行性和有效性，实验结果表明，SNP 方法可以有效阻挡虚假信息的级联传播。

8.5　结论及进一步工作

当前随着社交媒体的普及，网络上不良信息和极端言论的传播变得更加容易，给社会稳定和经济发展带来巨大影响，已成为世界范围内亟待解决的问题。应对突发事件的网络信息传播控制事关国家安全与社会发展。然而,网络信息传播控制目前面临网络结构演化、传播者影响力度量、不可信信息识别、群体行为作用对信息传播影响等诸多重要的科学问题需要研究解决。其中,网络结构优化与群体行为特征互作用的信息传播控制问题已成为网络信息传播控制应用研究迫切需要解决的科学问题,解决该问题将为应急的网络信息传播控制提供理论基础和技术支撑,具有重要的研究意义和广阔的应用前景。

在现有应对突发事件的网络信息传播引导控制中,传统宏观层面基于全网或用户统一行为的控制方法在复杂性、控制代价、控制时效等方面都略有不足;微观层面渐进式拓扑控制或用户个体行为管理的方法在控制时效和控制成效(尽可能降低风险)两方面都明显不足。基于这些考虑,本节采用介于宏观和微观之间的中观结构(聚簇结构和关键节点集)开展高效实用的网络信息传播调控方法研究。同时,考虑到突发事件下有效信息缺乏,网络上用户更容易受到社会性和随机性的影响,产生从众现象。从众现象的本质是级联,从众的社会力量随着一致性群体活动规模的壮大而增强。因此,探究中观结构优化和级联行为对网络信息传播的影响,通过整合中观结构优化和级联行为来提升应对突发事件的网络信息传播控制时效性和成效性,是本节研究的新思路。

在有限资源约束下,以网络结构优化和级联行为的互作用关系为切入点,研究应对突发事件的网络信息传播模型和调控方法。研究内容包括:建立拓扑优化和级联行为互作用的网络信息传播模型;探究网络信息传播控制的新方法,分别提出基于删边聚簇的不良信息传播阻挡方法和基于敏感节点保护的信息级联传播调控方法。

参考文献

[1]　SAHA S,ADIGA A,PRAKASH B A,et al. Approximation algorithms for reducing the spectral radius to control epidemic spread[C]. Proceedings of SIAM International Conference on Data Mining,(SDM),2015:568-576.

[2]　KUHLMAN C J,TULI G,SWARUP S,et al. Blocking simple and complex contagion by edge removal[C]. Proceedings of the IEEE 13th International Conference on Data Mining(ICDM),2013:399-408.

[3]　KHALIL E B,DILKINA B,SONG L. Scalable diffusion-aware optimization of network topology [C]. Proceedings of ACM Sigkdd International Conference on Knowledge Discovery and Data Mining ACM,2014:1226-1235.

[4] ZHANG Y, ADIGA A, SAHA S, et al. Near-optimal algorithms for controlling propagation at group scale on networks[J]. IEEE Transactions on Knowledge and Data Engineering, 2016, 28(12): 3339-3352.

[5] BUDAK C, AGRAWAL D, ABBADI E. Limiting the spread of misinformation in social networks[C]. Proceedings of the 20th International Conference on World Wide Web, 2011: 665-674.

[6] HE X, R SONG G J, CHEN W, et al. Influence blocking maximization in social networks under the competitive linear threshold model[C]. Proceedings of the 2012 SIAM International Conference on Data Mining (SDM12), 2012: 463-474.

[7] PRAKASH B A, CHAKRABARTI D, VALLER N C, et al. Threshold conditions for arbitrary cascade models on arbitrary networks[J]. Knowledge and Information Systems, 2012, 33(3): 549-575.

[8] NGUYEN N P, YAN G, THAI M T, et al. Containment of misinformation spread in online social networks[C]. Proceedings of the 4th Annual ACM Web Science Conference(WebSci '12), 2012: 213-222.

[9] FAN L, LU Z, WU W, et al. Least cost rumor blocking in social networks [C]. Proceedings of Distributed Computing Systems (ICDCS), 2013 IEEE 33rd International Conference on, 2013: 540-549.

[10] (美)Easley D, Kleinberg J. 网络、群体与市场：揭示高度互联世界的行为原理与效应机制[M]. 李晓明, 王卫红, 杨韫利, 译. 北京：清华大学出版社, 2011.

[11] CENTOLA D, MACY M. Complex contagions and the weakness of long ties[J]. American Journal of Sociology, 2007(113): 702-734.

[12] 张国清, 程苏琦. 小世界网络中的删边扩容效应[J]. 中国科学：信息科学, 2012, 42(2): 151-160.

[13] WANG Y, LI L, WANG ZH H, et al. An efficient method for restraining information cascades on mobile social networks[J]. Journal of Information Science and Engineering 40, 2024, 151-163.

[14] 顾亦然, 夏玲玲. 在线社交网络中谣言的传播与抑制[J]. 物理学报, 2012, 61(23): 544-550.

[15] 王辉, 韩江洪, 邓林, 等. 基于移动社交网络谣言传播动力学研究[J]. 物理学报, 2013, 11(62): 106-117.

[16] 李黎, 张瑞芳, 杜娜娜, 等. 基于有限临时删边的病毒传播控制策略[J]. 南京大学学报(自然科学版), 2019, 55(4): 651-659.

[17] MORONE F, MAKSE H A. Influence maximization in complex networks through optimal percolation[J]. Nature, 2015, 524: 65-68.

[18] 周明洋, 吴向阳, 曹扬, 等. 基于群体影响力的网络传播关键节点选择策略[J]. 中国科学：信息科学, 2019, 49: 1333-1342.

[19] GRANOVETTER M S. The strength of weak ties[J]. American Journal of

Sociology,1973,78(6):1360-1380.

[20]　LI L,ZHENG X H,HAN J,et al. Information cascades blocking through influential nodes identification on social networks[J]. Journal of Ambient Intelligence and Humanized Computing,2023,14:7519-7530.

[21]　SMOLYAK A,LEVY O,VODENSKA I,et al. Mitigation of cascading failures in complex networks[J]. Scientific Reports,2020,10(1).

[22]　Koblenz network collection[DB/OL]. http://konect. uni-koblenz. de/, 2022. 1.